JN495125

일반화학실험

이충균 · 김건철 지음

자유아카데미

주기율표 Periodic Table of the Elements

원소 기호 → C, 6 ← 원자 번호
영어명 → Carbon
한글명 → 탄소
원자량 → 12.011

금속 (Metal)
준금속 (Semimetal)
비금속 (Nonmetal)

주기＼족	1	2	3	4	5	6	7	8	9	10	11	12	13	14	15	16	17	18
1	H 1 Hydrogen 수소 1.007																	He 2 Helium 헬륨 4.0026
2	Li 3 Lithium 리튬 6.941	Be 4 Beryllium 베릴륨 9.0122											B 5 Boron 붕소 10.811	C 6 Carbon 탄소 12.011	N 7 Nitrogen 질소 14.0067	O 8 Oxygen 산소 15.9994	F 9 Fluorine 플루오린 18.9984	Ne 10 Neon 네온 20.1797
3	Na 11 Sodium 소듐(나트륨) 22.9898	Mg 12 Magnesium 마그네슘 24.305											Al 13 Aluminium 알루미늄 26.9815	Si 14 Silicon 규소 28.0855	P 15 Phosphorus 인 30.9738	S 16 Sulfur 황 32.0650	Cl 17 Chlorine 염소 35.4533	Ar 18 Argon 아르곤 39.948
4	K 19 Potassium 포타슘(칼륨) 39.0983	Ca 20 Calcium 칼슘 40.078	Sc 21 Scandium 스칸듐 44.9559	Ti 22 Titanium 타이타늄 47.867	V 23 Vanadium 바나듐 50.9415	Cr 24 Chromium 크로뮴 51.9961	Mn 25 Manganese 망가니즈 54.938	Fe 26 Iron 철 55.845	Co 27 Cobalt 코발트 58.9332	Ni 28 Nickel 니켈 58.6934	Cu 29 Copper 구리 63.546	Zn 30 Zinc 아연 65.409	Ga 31 Gallium 갈륨 69.723	Ge 32 Germanium 저마늄 72.64	As 33 Arsenic 비소 74.9216	Se 34 Selenium 셀레늄 78.96	Br 35 Bromine 브로민 79.904	Kr 36 Krypton 크립톤 83.798
5	Rb 37 Rubidium 루비듐 85.4678	Sr 38 Strontium 스트론튬 87.62	Y 39 Yttrium 이트륨 88.9059	Zr 40 Zirconium 지르코늄 91.224	Nb 41 Niobium 나이오븀 92.9064	Mo 42 Molybdenum 몰리브데넘 95.94	Tc 43 Technetium 테크네튬 98.9063	Ru 44 Ruthenium 루테늄 101.07	Rh 45 Rhodium 로듐 102.9055	Pd 46 Palladium 팔라듐 106.42	Ag 47 Silver 은 107.8682	Cd 48 Cadmium 카드뮴 112.411	In 49 Indium 인듐 114.818	Sn 50 Tin 주석 118.71	Sb 51 Antimony 안티모니 121.76	Te 52 Tellurium 텔루륨 127.6	I 53 Iodine 아이오딘 126.9045	Xe 54 Xenon 제논 131.293
6	Cs 55 Cesium 세슘 132.9055	Ba 56 Barium 바륨 137.327		Hf 72 Hafnium 하프늄 178.49	Ta 73 Tantalum 탄탈럼 180.9479	W 74 Tungsten 텅스텐 183.84	Re 75 Rhenium 레늄 186.207	Os 76 Osmium 오스뮴 190.23	Ir 77 Iridium 이리듐 192.217	Pt 78 Platinum 백금 195.078	Au 79 Gold 금 196.9666	Hg 80 Mercury 수은 200.59	Tl 81 Thallium 탈륨 204.3833	Pb 82 Lead 납 207.2	Bi 83 Bismuth 비스무트 208.9804	Po 84 Polonium 폴로늄 208.9824	At 85 Astatine 아스타틴 209.9871	Rn 86 Radon 라돈 222.0176
7	Fr 87 Francium 프랑슘 223.0197	Ra 88 Radium 라듐 226.0254		Rf 104 Rutherfordium 러더포듐 261.1088	Db 105 Dubnium 더브늄 262.1142	Sg 106 Seaborgium 시보귬 266.1219	Bh 107 Bohrium 보륨 264.1247	Hs 108 Hassium 하슘 269.13	Mt 109 Meitnerium 마이트너륨 268.1388	Ds 110 Darmstadtium 다름스타튬 271.15	Rg 111 Roentgenium 뢴트게늄 272.1535	Cn 112 Copernicium 코페르니슘 (277)	Nh 113 Nihonium 니호늄 (284.18)	Fl 114 Flerovium 플레로븀 (289.19)	Mc 115 Moscovium 모스코븀 (288.19)	Lv 116 Livermorium 리버모륨 (293)	Ts 117 Tennessine 테네신 (294)	Og 118 Oganesson 오가네손 (294)

	주기															
란타넘족 (Lanthanides)	6	La 57 Lanthanum 란타넘 138.9055	Ce 58 Cerium 세륨 140.116	Pr 59 Praseodymium 프라세오디뮴 140.9077	Nd 60 Neodymium 네오디뮴 144.24	Pm 61 Promethium 프로메튬 146.9151	Sm 62 Samarium 사마륨 150.36	Eu 63 Europium 유로퓸 151.964	Gd 64 Gadolinium 가돌리늄 157.25	Tb 65 Terbium 터븀 158.9	Dy 66 Dysprosium 디스프로슘 162.5	Ho 67 Holmium 홀뮴 164.93	Er 68 Erbium 어븀 167.259	Tm 69 Thulium 툴륨 168.9342	Yb 70 Ytterbium 이터븀 173.04	Lu 71 Lutetium 루테튬 174.967
악티늄족 (Actinides)	7	Ac 89 Actinium 악티늄 227.0278	Th 90 Thorium 토륨 232.0381	Pa 91 Protactinium 프로트악티늄 231.0359	U 92 Uranium 우라늄 238.0289	Np 93 Neptunium 넵투늄 237.0482	Pu 94 Plutonium 플루토늄 244.0642	Am 95 Americium 아메리슘 243.0614	Cm 96 Curium 퀴륨 247.0703	Bk 97 Berkelium 버클륨 247.0703	Cf 98 Californium 캘리포늄 251.0796	Es 99 Einsteinium 아인슈타이늄 252.083	Fm 100 Fermium 페르뮴 257.0951	Md 101 Mendelevium 멘델레븀 258.0984	No 102 Nobelium 노벨륨 259.101	Lr 103 Lawrencium 로렌슘 262.1097

머리말

지난해 출간한 단학기용 『화학개론실험』이 학생들에게 많은 도움이 되는 것을 확인하였으며, 이에 1, 2학기 일반화학실험서도 출판할 필요가 있음을 확신하게 되었다. 기존의 실험서보다 알찬 내용으로 준비하였으며, 실제 실험에 적용하면서 검증을 완료하여 이제 『일반화학실험』으로 출판하게 되었다.

다양한 형태의 '연금술(alchemy)'이나 '연단술'에서 비롯되어 이후 수많은 과학자의 실험과 분석 결과를 바탕으로 발전되어 온 '화학'은 물질의 정체와 변환을 연구하는 자연과학의 핵심 분야로, 원자와 분자를 이용하여 새로운 화합물을 합성하며 다양한 화학 반응의 특성을 연구하는 분야이다. 학문적으로는 자연과 인간의 생명 현상을 이해하고 더 나은 삶을 위한 관련 첨단과학을 선도하며 산업적으로는 인류의 삶에 필요한 다양한 소재와 에너지를 공급해주고 있다.

'일반화학' 과목은 자연과학이나 공학 분야의 필수 기초과목 및 교양과목으로 수강되고 있지만 기초적인 지식을 갖지 못한 채 대학에 진학하는 학생들이 점점 많아지다 보니, 보다 교육적인 화학과 실험과목 개발이 중요하게 대두되고 있다. 특히 화학적 기초가 부족한 신입생을 대상으로 실험의 이론과 원리 및 실험 기구의 작용까지를 모두 1회 실험에 주어진 2시간에 마치는 것은 현실적으로 어려움이 많다. 이에 따라 이론과 실험 조작 등을 설명하는 시간과 학생들의 실험을 효과적으로 운용할 수 있는 적절한 실험 종류 및 현실적으로 선택하여 배정할 수 있는 개수 배분이 교육 효과를 높일 수 있을 것으로 판단되었다.

이번 『일반화학실험』은 다양한 전공을 준비하는 1학년 학생을 대상으로 하여 수년간 화학실험 과목을 강의했던 경험을 바탕으로, 실제로 수행하기 어려웠던 기존의 과정을 개선하고 실험실 현장에서 수업 진행이 더 수월할 수 있도록 구성하였으며 시약 구입 및 기구 조작에 무리가 없는 실험 과정을 제안한 교재이다.

좋은 책을 위해 최선을 다했지만 부족한 부분이 있을 수 있다. 이 점은 양해를 바라며 출간 후 나올 수 있는 수정사항 등은 자유아카데미 홈페이지 자료실(www.freeaca.com)을 통해 제공할 예정이니 참고하기를 바란다.

실험과목은 담당 교수와 조교 그리고 학생들의 긴밀한 소통과 교류가 필요하다. 특히 실험 현장에서 지도하는 조교들의 역할이 중요한데, 이 책을 집필하는 데 있어 학생들을 지도하는 과정에서 겪은 많은 문제점을 알려주고 실제적인 개선점을 제안해주었으며, 학생들에게 도움이 되는 조언과 안전 관리에 대한 경험도 많이 공유해주었다. 이에 조교들에게 감사의 말을 전한다. 또한 『화학개론실험』의 출판 이후 이번 1, 2학기용 실험 교재 편찬도 적극적으로 제안해주시고 최종적으로 출판할 수 있도록 도와주신 자유아카데미 출판사에도 큰 감사의 말씀을 드린다.

충남대학교 이충균 · 김건철 교수

차례

실험실 안전수칙

1 복장

1. 실험실 안에서는 반드시 실험복과 보안경을 착용한다(미착용자의 실험실 출입을 금한다).

   ※ 안경을 쓴 사람은 안경으로 보안경을 대체한다.
2. 신발은 발 전체를 감싸야 하고 슬리퍼나 샌들은 착용하지 않는다.
3. 머리가 긴 사람은(머리가 어깨까지 내려오는) 머리를 뒤로 묶어서 실험에 지장이 없도록 한다.
4. 콘택트렌즈(contact lenses)는 절대로 착용하지 않는다.

2 주의사항

1. 실험실 내에서는 음료수, 과자류, 식사 등 음식물을 섭취하지 않는다.
2. 조교의 지시 없이 각종 화학약품을 맛보거나 냄새 맡지 않아야 하며, 필요시 조교의 지시에 따른다(가능하면 Stopper를 이용하는 것이 좋다).
3. 실험이 끝난 후에는 반드시 손을 흐르는 수돗물에 충분히 씻는다.
4. 조급한 실험은 피하고 실험 전에 실험의 전반적인 내용을 충분히 숙지한다.
5. 실험 시작 전에 그 실험에 사용되는 시약의 주의 사항(MSDS 등)을 충분히 숙지하여 만약의 돌발사태에 대비한다.
6. 각종 실험 초자 및 기기의 사용은 조교의 설명을 듣고 사용한다.

3 안전조치

1. 산이나 각종 화학약품이 눈에 들어갔을 때는 신속히 흐르는 물로 씻어주되 적어도 10분 이상을 씻어야 한다. 이때 비비지는 말고 물의 압력이 너무 강할 경우 해를 입을 수도 있으므로 적당한 수압으로 물을 흘려 준다.
2. 산이나 각종 화학약품이 피부에 접촉하였을 때는 역시 흐르는 물로 상처 부위를 씻어 주되, 비누를 사용하거나 비비지 않는다. 옷에 산이 튀었을 때는 재빨리 옷을 벗어서 피부가 해를 입는 것을 방지한다.
3. 위의 안전조치를 빨리 취한 후 즉시 병원에서 전문의의 진료를 받는다.
4. 화재 시 신속히 밖으로 대피한다.

1학기

실험

실험 1 질량 측정과 액체 옮기기

실험 2 몰질량 측정

실험 3 크로마토그래피

실험 4 바이타민 C 분석

실험 5 생활 속의 산–염기 분석

실험 6 센물 분석

실험 7 킬레이트 화합물 합성

실험 8 용해도곱 결정

실험 1

질량 측정과 액체 옮기기

이론

1. 질량

질량(mass)은 물체의 고유한 속성을 나타내는 물리량의 하나로, 운동 상태 변화에 저항하는 관성의 크기를 정량적으로 나타내며, 동시에 중력 상호 작용의 세기를 나타낸다. 또한 물체의 질량은 물체가 고립된 정지 상태에서 갖는 총에너지인 정지 에너지의 크기를 나타내기도 한다.

질량은 장소나 상태에 따라 달라지지 않는 물질의 고유한 양으로 접시저울이나 양팔저울을 사용하여 측정한다. 단위로는 kg, g, mg 등을 사용하며 1 kg은 1000 g이고 1 g은 1000 mg이다.

2. 무게와 질량

물체의 무게(weight)란 물체에 작용하는 중력의 크기를 말한다. 물체에 작용하는 중력은 물체 위치에서의 중력 가속도와 물체 질량의 곱으로 나타낼 수 있으므로, 무게는 질량에 비례하는 물리량으로 중력 가속도의 크기에 따라 달라진다. 지구에서 물체의 무게는 지구가 물체를 잡아당기는 중력의 크기이므로 장소에 따라 달라진다. 달의 중력은 지구 중력의 1/6이므로 똑같은 물체일 경우 달에서의 무게는 지구에서 무게의 1/6이다. 질량은 장소에 따라 변하지 않는 값이며 무게는 장소에 따라 달라진다.

역사적으로 질량의 크기를 결정하는 표준물체로 국제도량형총회에서 지정된 킬로그램원기(백금 90%, 이리듐 10%)가 사용되었다. 이 원기의 질량을 1 kg으로 정하여 질량을 비교하는 질량의 표준 단위로 사용했으나, 인공적인 원기를 표준으로 삼을 경우 원기의 물리적 성질이 변할 수 있다는 우려가 지속적으로 제기되어 왔다. 이에 따라 2011년 열린 24차 국제도량형총회에서 이전까지 사용했던 '국제 킬로그램원기'를 폐지하고, 플랑크 상수를 이용한 새로운 정의를 도입할 것임을 밝혔고, 2018년 11월 열린 국제도량형총회에서 새로운 킬로그램의 정의를 의결했다. 그 내용은 다음과 같다.

"킬로그램은 kg을 그 기호로 하며 질량에 관한 SI 단위이다. 플라크 상수 h를 $kg \cdot m^2 \cdot s^{-1}$와 동등한 $J \cdot s$ 단위로 표기할 때 $6.62607015 \times 10^{-34}$의 고정값을 취하도록 정의하며, 미터와 초는 c와 $\Delta\nu_{Cs}$에 의해 정의된다."

킬로그램의 새로운 정의는 세계 측정의 날인 2019년 5월 20일부터 발효되었다.

3. 밀도

밀도(density)는 물질의 단위 부피당 질량이며, 국제단위계에서의 단위는 kg/m^3이다. 밀도는 세기 변수(intensive variable)로, 물질의 특성을 나타내는 양이다.

국제단위계에서 질량의 단위는 kg, 부피의 단위는 m^3이므로, 밀도의 단위는 kg/m^3이 된다. CGS 단위계에서 밀도의 단위는 g/cm^3인데, g/cm^3로 나타낸 고체나 액체의 밀도가 보통 한 자리 혹은 두 자리 숫자이므로 이 단위가 더 널리 쓰인다. 예를 들어 물의 밀도는 $1\ g/cm^3 = 1000\ kg/m^3$이다.

4. 크기 변수와 세기 변수

부피나 질량은 물질의 양에 따라 값이 달라지는 양이다. 예를 들어 온도나 압력 등이 같은 조건에서 물질의 양이 2배가 되면 부피와 질량도 2배가 된다. 이처럼 물질의 양에 비례하는 물리량을 크기 변수(extensive variable)라고 한다. 한편 두 크기 변수의 비로 주어지는 밀도와 같은 변수는 물질의 양이 달라져도 같은 값을 갖는다. 이와 같이 물질의 양에 무관하게 일정한 물리량을 세기 변수라고 한다.

크기 변수는 같은 물질이라도 양에 따라 값이 달라지기 때문에 물질의 특성을 나타낼 수 없지만, 하나의 물질에는 하나의 세기 변수가 대응하므로 세기 변수는 물질의 특성을 나타내는 양으로 사용할 수 있다. 예를 들어, 구리의 밀도는 $8.93\ g/cm^3$

라고 말할 수 있지만, 구리의 질량이 얼마라고 말할 수는 없다. 일반적으로 물질의 밀도는 온도와 압력의 함수이므로 엄밀하게 밀도를 얘기할 때는 어떤 온도와 압력에서의 밀도인지를 말해야 한다. 하지만 고체나 액체의 밀도가 온도나 압력에 아주 민감하지는 않으므로, 보통 온도와 압력에 대해 언급하지 않고 1기압 실온에서의 밀도를 그냥 밀도라고 하기도 한다.

기구 및 시약

기구

저울, 뷰렛, 비커(100 mL), 피펫 필러, 피펫(10 mL), 눈금 실린더(10 mL)

시약

증류수

실험 방법

1. 피펫을 이용한 액체의 이동

① 저울의 전원을 켜고 잠시 기다린 후에 영점을 맞춘다.

② 저울 위에 비커를 올려놓고 무게를 측정한다.

③ 피펫 필러를 사용해서 피펫에 증류수를 채운다.

주의 피펫에 용액을 채울 때 공기가 빨려 들어가지 않도록 피펫의 끝이 항상 용액 속에 잠겨 있도록 하고, 피펫 필러 속으로 용액이 빨려 들어가지 않도록 한다.

④ 2.00 mL의 증류수를 저울 위에 올려놓은 비커에 정확하게 옮기고 무게를 측정한다.

⑤ 위의 ②와 ③의 과정을 4회 더 반복하여 측정한다.

⑥ 물의 밀도를 이용해서 피펫으로 옮긴 증류수 부피의 평균값과 표준편차를 구한다.

2. 눈금 실린더를 이용한 액체의 이동

① 3.00 mL의 증류수를 눈금 실린더에 채운 다음 1번 실험과 같은 방법으로 저울 위에 놓인 비커에 옮기고 무게를 측정한다.

② 4회를 더 반복하고, 물의 밀도를 이용해서 눈금 실린더로 옮긴 증류수 부피의 평균값과 표준편차를 구한다.

3. 뷰렛을 이용한 액체의 이동

① 뷰렛에 증류수를 채운다. 뷰렛에 공기 방울이 남아 있으면 코크를 열어서 공기를 빼낸다.

② 약 3 mL씩의 증류수를 빼내어 위의 실험과 같은 방법으로 무게를 잰다. 증류수의 부피를 정확하게 알아야 하므로 눈금을 정확하게 읽어야 한다.

③ 4회를 더 반복해서 증류수의 평균 밀도와 표준편차를 구한다.

실험 결과

1. 피펫을 이용한 액체의 이동

피펫	1회	2회	3회	4회	5회
처음 무게(g)					
나중 무게(g)					
액체의 무게(g)					

- 평균 무게(g): g
- 무게의 불확정도(g): g
- 실제로 옮긴 증류수의 평균 부피(mL): mL
- 실제로 옮긴 증류수 부피의 불확정도(mL): mL

2. 눈금 실린더를 이용한 액체의 이동

눈금 실린더	1회	2회	3회	4회	5회
처음 무게(g)					
나중 무게(g)					
액체의 무게(g)					

- 평균 무게(g): g
- 무게의 불확정도(g): g
- 실제로 옮긴 증류수의 평균 부피(mL): mL
- 실제로 옮긴 증류수 부피의 불확정도(mL): mL

3. 뷰렛을 이용한 액체의 밀도 측정

뷰렛	1회	2회	3회	4회	5회
처음 눈금					
마지막 눈금					
옮긴 부피(mL)					
액체의 무게(g)					
액체의 밀도(g/mL)					

- 액체의 평균 밀도(g/mL): g/mL
- 액체 밀도의 불확정도(g/mL): g/mL

질문

1 밀도 외에 사용되는 세기 변수(intensive variable)에는 무엇이 있는지 논의하라.

2 물리적 성질과 화학적 성질의 차이는 무엇인가?

3 물질에 서로 다른 특성을 나타내는 성질에는 무엇이 있는가?

4 실험에서 적용되는 다음의 개념들을 설명하라.

a. 정확도 b. 정밀도 c. 불확정도 d. 메니스커스

5 이 실험에서 발생할 수 있는 불확정도의 원인 두 가지를 서술하라.

실험 2

몰질량 측정

이론

1. 몰질량(molar mass)

몰질량(molar mass, MM)은 물질 1몰의 질량을 말한다. 즉 아보가드로수만큼에 해당하는 원자 또는 분자의 질량을 말한다. SI 단위는 kg/mol이지만, 일반적으로 g/mol을 단위로 사용한다. 분자의 몰질량은 분자를 구성하는 원자들의 몰질량의 총합이고 분자량(molecular weight)이라고도 한다.

2. 몇몇 원소의 몰질량

실험에 자주 사용되는 화합물에 공통적으로 포함되어 있는 여러 원소의 몰질량은 다음과 같다.

$M(\mathrm{H}) = 1.00794 \times 1\ \mathrm{g/mol} = 1.00794\ \mathrm{g/mol}$

$M(\mathrm{S}) = 32.065 \times 1\ \mathrm{g/mol} = 32.065\ \mathrm{g/mol}$

$M(\mathrm{Cl}) = 35.453 \times 1\ \mathrm{g/mol} = 35.453\ \mathrm{g/mol}$

$M(\mathrm{Fe}) = 55.845 \times 1\ \mathrm{g/mol} = 55.845\ \mathrm{g/mol}$

$M(\mathrm{H_2}) = 2 \times 1.00794 \times 1\ \mathrm{g/mol} = 2.01588\ \mathrm{g/mol}$

$M(\mathrm{S_8}) = 8 \times 32.065 \times 1\ \mathrm{g/mol} = 256.52\ \mathrm{g/mol}$

$M(\mathrm{Cl_2}) = 2 \times 35.453 \times 1\ \mathrm{g/mol} = 70.906\ \mathrm{g/mol}$

3. 이상 기체 상태 방정식과 몰질량

어떤 계(system)를 정의하기 위하여서는 온도(T), 압력(P), 부피(V), 양 또는 몰수(n)의 네 가지 변수가 필요하며, 이들 사이의 관계를 나타내는 식을 상태 방정식이라고 한다.

$$pV = nRT = (W/M)RT$$ (R: 기체 상수, W: 질량, M: 분자량)

이상 기체의 경우에 이 식의 관계가 성립하며, 이 식을 이상 기체 상태 방정식이라고 한다.

1) 이상 기체

이상 기체는 무질서하게 운동하는 분자 혹은 원자로 이루어진 가상의 기체를 말한다. 이상 기체는 다음 두 가지 가정을 만족해야 한다.

- 기체 분자 자체의 크기는 용기의 크기에 비교해 무시할 정도로 작다(혹은 부피가 0이다).
- 기체 분자 사이에 작용하는 힘이 없다.

이와 같은 조건을 만족하는 실제 기체는 존재하지 않지만, 온도가 높고 압력이 낮은 상태에서 많은 기체는 이상 기체의 특성을 나타낸다.

기체의 상태를 정의하기 위해서는 온도(T), 압력(P), 부피(V), 양 또는 몰수(n)의 네 가지 변수가 필요하며, 이 네 가지 변수에 대해 이상 기체는 다음과 같은 기체 법칙을 만족한다.

(1) **보일 법칙:** 온도와 몰(mole)수가 일정할 때 기체의 부피는 압력에 반비례한다.

$$V \propto 1/P \quad (T,\ n\ \text{일정})$$

(2) **샤를 법칙:** 압력과 몰수가 일정할 때 기체의 부피는 절대 온도에 비례한다.

$$V \propto T \ (P,\ n\ \text{일정})$$

(3) **아보가드로 법칙:** 온도와 압력이 일정할 때 기체의 부피는 몰수에 비례한다.

$$V \propto n \ (T,\ P\ \text{일정})$$

세 법칙을 결합하면 위의 이상 기체 상태 방정식과 같은 형태가 되며, 0℃(273.15 K), 1기압하에서 이상 기체 1몰의 조건을 대입하면 부피는 22.413962(13) L가 된다.

4. 실제 기체의 상태 방정식

실제 기체는 이상 기체 상태 방정식을 만족하지 않는다. 특히 온도가 낮고 압력이 높으면 이상 기체와 매우 다른 특성을 나타낸다. 실제 기체와 이상 기체의 차이를 바로잡아 나타내기 위해 다양한 상태 방정식이 제안되었다.

1) 반데르발스 상태 방정식(van der Waals equation of state)

이상 기체는 분자 자체의 크기가 없고, 분자 간에 작용하는 힘이 없다고 가정한 기체이다. 실제 기체에서는 분자의 크기와 분자 간의 힘을 고려하여야 한다. 반데르발스 상태 방정식은 분자 자체의 크기와 분자 간의 힘에 다음과 같이 보정한 값을 적용한다.

- 기체가 존재하는 용기의 부피는 전체 부피에서 기체 분자가 차지하는 부피를 제외한 값이 된다.
- 실제 기체 분자 사이에는 잡아당기는 힘이 작용한다. 그 결과 실제 기체가 벽면에 미치는 압력이 낮아진다(기체의 압력이 매우 높아지면 밀치는 힘에 의한 효과가 더 커진다). 압력이 낮아지는 정도는 기체 농도의 제곱에 반비례한다. 따라서 측정되는 압력을 바로잡아 주어야 이상 기체로 가정했을 때의 압력이 된다.

기구 및 시약

기구

삼각 플라스크(100 mL), 교반 가열기, 온도계, 알루미늄 포일, 바늘, 비커(500 mL), 눈금 실린더, 면장갑

시약

에틸 아세테이트(ethyl acetate), 아이소프로필 알코올(2-프로판올, isopropyl alcohol), 아이소프로필 아세테이트(isopropyl acetate)

실험 방법

① 500 mL 비커에 2/3 정도 물을 채운 후 가열 교반기에 올려 90℃ 이상으로 가열한다. 이때 온도계도 같이 설치하여 온도를 측정한다.

주의 실험 시작 전 미리 준비해 둔다. 물의 온도가 올라가는 시간이 오래 걸리므로 가열 교반기의 온도 레버를 Max로 올린다. 가열 교반기 사용 시에는 화상에 주의하며, 가열 교반기에 의해 전기선이 녹지 않도록 주의한다.

② 알루미늄 포일로 100 mL 삼각 플라스크 입구를 막고 바늘로 이용하여, 포일에 구멍을 낸다.

주의 포일의 구멍이 클 경우 오차가 증가하므로, 되도록 작은 구멍을 뚫는다.

③ 알루미늄 포일을 덮은 채로 비어있는 삼각 플라스크의 무게를 측정한다.

④ 삼각 플라스크에 3 mL의 미지시료를 넣고 삼각 플라스크가 500 mL 비커 바닥에 닿지 않는 한에서 최대한 깊이 물속에 넣어준 후 스탠드에 고정해 준다.

주의 미지시료는 에틸 아세테이트(ethyl acetate), 아이소프로필 알코올(isopropyl alcohol), 아이소프로필 아세테이트(isopropyl acetate) 중 하나를 사용한다.

⑤ 삼각 플라스크 속에 들어있는 미지시료가 모두 기화될 때까지 기다린다. (끓는 물 기준으로 약 20분 소요)

⑥ 액체 시료가 모두 기화하면 삼각 플라스크를 실온에 꺼내어 액화된 것을 확인한 후, 알루미늄 포일을 씌운 채로 무게를 측정한다.

⑦ 삼각 플라스크를 깨끗이 씻은 후, 물로 가득 채우고 100 mL 눈금 실린더를 사용해 삼각 플라스크의 부피를 측정한다.

실험 결과

1. 다음 화합물들에 관한 데이터를 작성하라.

	에틸 아세테이트 (ethyl acetate)	아이소프로필 알코올 (isopropyl alcohol)	아이소프로필 아세테이트 (isopropyl acetate)
구조식			
분자량 (g/mol)			
끓는점 (℃)			

2. 실험에 결과에 대한 아래의 데이터를 작성하고 미지의 시료를 선택하라.

(1) 응축된 시료의 무게 (g)	
(2) 끓는 물의 온도 (℃)	
(3) 대기압 (atm)	
(4) 플라스크의 부피 (mL)	
(5) 액체 시료의 몰질량 (g/mol)	
(6) 미지시료 화합물 선택	

질문

1 보일의 법칙, 샤를의 법칙, 아보가드로의 법칙을 이용하여 이상 기체 방정식을 유도하라.

2 이상 기체 상태 방정식을 이용하여 몰질량을 구하는 식을 유도하라.

3 「몰질량 측정」 실험에서 사용하는 액체 시료는 어떠한 물성을 갖는 것이 가장 이상적인가?

4 알루미늄 포일에 구멍을 최대한 작게 뚫어야 하는 이유는 무엇인가?

5 실험 과정에서 100 mL 삼각 플라스크의 부피를 잴 때 100 mL 눈금까지만 물을 채우지 않고 삼각 플라스크 내부를 물로 가득 채우는 이유는 무엇인가?

6 이 실험에서 발생할 수 있는 불확정도의 원인들을 서술하라.

실험 3 크로마토그래피

이론

1. 크로마토그래피

혼합 시료의 성분들이 섞이지 않는 두 상(정지상, 이동상)에서 서로 다른 농도 평형을 나타냄으로써, 이러한 차이에 의해서 분리시켜 성분 확인과 정량을 수행하는 분리 방법을 크로마토그래피(chromatography)라고 한다. 움직이지 않도록 고정되어 관에 채워져 있는 정지상과, 정지상을 통과하여 이동시키는 이동상에 대해서 시료의 성분들은 서로 다른 용해도를 나타내므로, 두 상에서 성분들의 분포 차이가 나타나면서 분리된다. 지난 반세기 동안 다양한 형태의 크로마토그래피 장비가 개발되어 널리 이용됨에 따라, 혼합물 내 성분을 분석하는 가장 대표적인 분석 방법이 되었다. 일반적으로 크로마토그래피는 성분 분석을 목적으로 하는 분석용 크로마토그래피와 다량의 시료들 분리를 목적으로 하는 제조용 크로마토그래피로 구분할 수 있다.

2. 크로마토그래피 용어

- **정지상(stationary phase)**: 모세관이나 칼럼 등에 채워져서 고정되어 움직이지 않으면서 용질과 상호작용을 하는 물질
- **이동상(mobile phase)**: 정지상을 통과하면서 이동하는 것을 말하며, 일반적으로 액체, 기체, 초임계 유체를 사용할 수 있다
- **정상(normal phase, NP)**: 극성 정지상을 사용하는 크로마토그래피를 말하며, 이동상은 상대적으로 비극성인 것을 사용한다.

- **역상(reversed phase, RP)**: 비극성 정지상을 사용하는 크로마토그래피로, 이동상은 상대적으로 극성인 것을 사용한다.
- **용리(elution)**: 크로마토그래피에서 시료 성분이 정지상 및 이동상과 상호작용을 하며 분리되어 유출되는 과정
- **용리액(eluent)**: 크로마토그래피 분리를 위해서 흘려주는 용매
- **용출액(eluate)**: 크로마토그래피 분리를 통해서 나온 용액
- **머무름 시간(retention time)**: 분석 성분이 주입되어서 용출될 때까지 걸린 시간(즉 정지상에 머무른 시간)
- **크로마토그램(chromatogram)**: 크로마토그래피 방법에 의해서 분리되어 나오는 물질의 변화를 시간에 따라 나타낸 그래프를 말한다. 일반적으로 가로축은 시간 또는 부피로 나타내고, 세로축은 분석 물질의 검출 신호로 나타내게 된다.

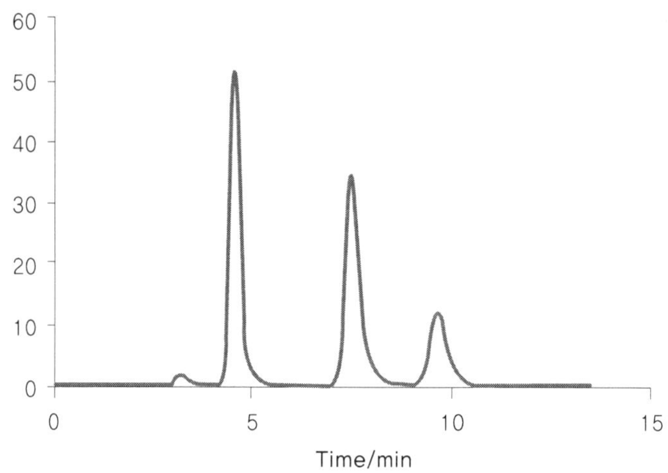

3. 크로마토그래피 분류

1) 정지상 특성에 따른 분류

- **칼럼 크로마토그래피**

칼럼 크로마토그래피 방법은 정지상을 긴 원통 형태의 칼럼에 넣어 사용하는 방법으로, 칼럼에 고체 정지상 입자들을 채워서 사용하는 충전 칼럼(packed column)

과 칼럼의 내벽에 액체 정지상(또는 고체 정지상)이 코팅되어 칼럼의 중심부가 비어 있는 열린 관 칼럼(open tubular column)이 있다. 최근에는 고분리도, 짧은 분석 시간, 높은 감도 및 적은 양의 시료 사용 등의 장점으로 인하여 주로 열린 관 칼럼을 사용한다.

- **평면 크로마토그래피**

평면 크로마토그래피 방법은 평면에 정지상을 부착하여 이동상으로 분리하는 방법으로, 정지상으로 종이를 사용하는 종이 크로마토그래피(paper chromatography, PC)와 얇은 층의 정지상을 사각형 유리판 위에 고착하여 사용하는 얇은 층 크로마토그래피(thin-layer chromatography, TLC)가 있다. 다른 방법에 비해서 사용이 간편하고 저렴하며, 감도가 뛰어나고 여러 개의 분리를 동시에 쉽게 진행할 수 있어 물질 합성 및 분석 등에 필수적으로 사용되고 있다.

2) 이동상에 따른 분류

- **기체 크로마토그래피(gas chromatography, GC)**

이동상이 기체인 크로마토그래피 방법으로 정지상과 이동상의 분배 비율은 주로 성분의 휘발성(또는 끓는점)과 관련이 있다. 현재 정지상 칼럼은 주로 모세관 형태의 컬럼을 주로 사용하고 있으며, 뛰어난 분리도, 자동화 등으로 계속 발전하고 있다. 최근에는 고속 및 다차원 기체 크로마토그래피가 많은 관심을 끌며 활용되고 있다.

- **액체 크로마토그래피(liquid chromatography, LC)**

이동상이 액체인 크로마토그래피 방법으로 주로 칼럼이나 평면에서 분리를 진행하는 방법이다. 현대에는 주로 정지상의 지지체가 작은 입자에 대하여 높은 압력으로 고성능의 분리가 진행되므로, 고성능 액체 크로마토그래피(High Performance Liquid Chromatography, HPLC)라고 부른다. 기체 크로마토그래피와 비교하여 열적으로 불안정하거나, 극성이 크고, 분자량이 큰 화합물도 분석할 수 있으며, 이온쌍, 소수성 상호작용 등 다양한 메커니즘으로 작동하는 정지상들을 사용할 수 있어서 활용도가 매우 높다.

- **초임계 유체 크로마토그래피(supercritical fluid chromatography, SFC)**

이동상으로 임계 온도와 임계 압력 이상의 초임계 유체를 사용하는 크로마토그래피 방법이다. 초임계 유체가 지니는 장점(점성도는 기체와 유사하며 용해 능력은 액체와 유사함)을 이용하여 주로 열적으로 불안정한 화합물이나 고분자 화합물들의 분리에 사용된다.

기구 및 시약

기구

TLC판(2cm × 5cm), 전개용 비커, 시계접시

시약

실험 A: 전개 용매 1(Hexane), 전개 용매 2(Ethyl acetate), 전개 용매 3(Ethyl acetate 1: Hexane 4), 아세토페논, 벤조산 시약(2set)

실험 B: 전개 용매(Dimethyl chloride 2: Methanol 2: Ethyl acetate 1), 식용색소 시약 2 set / 미지시료(조교 제조)

실험 방법

1. 실험 A: 아세토페논과 벤조산의 분리

① TLC판에 위아래 0.5 cm 간격으로 연필로 선을 긋는다.

(시료 전개 시작점과 용매의 총 전개 지점을 표시하기 위해)

② 모세관을 이용해 아래쪽 선에 아세토페논과 벤조산을 적당한 간격으로 찍는다.

③ 비커에 Ethyl acetate만의 전개제를 넣는다.

④ 핀셋을 이용해 TLC판을 세우고 시계접시를 덮은 뒤 위쪽 선까지 전개한다.

주의 전개액은 휘발성 용매로 구성되어 있다. 용매마다 휘발되는 속도가 다르기 때문에 전개액의 조성이 달라질 수 있으므로 비커를 시계접시로 덮어 주어 용매의 휘발을 방지하여야 한다.

⑤ 핀셋을 이용해 TLC판을 꺼낸 후 UV 램프를 이용해 결과를 확인한다.

⑥ UV가 흡수된 부분을 연필로 표시 후 R_f 값을 구한다.

⑦ 동일한 방법으로 Hexane만의 전개제, Ethyl acetate 1: Hexane :4의 전개제를 사용하여 전개한다.

2. 실험 B: 식용색소의 분리

① TLC판에 위아래 0.5cm 간격으로 연필로 선을 긋는다.

② 모세관을 이용해 아래쪽 선에 식용색소를 적당한 간격으로 찍는다.

※ 미지시료는 A, B, C 중 두 가지의 시료를 포함하고 있음.

③ 비커에 Dimethyl chloride 2: Methanol 2: Ethyl acetate 1의 전개제를 넣는다.

④ 핀셋을 이용해 TLC판을 세우고 시계접시를 덮은 뒤 위쪽 선까지 전개한다.

⑤ 핀셋을 이용해 TLC판을 꺼낸 후 R_f 값을 구한다.

실험 결과

1. 실험 A

1) TLC를 붙이거나 그림을 그리고 시료 및 이동상의 이동거리를 그려라.

2) R_f 값을 구하여라.

	벤조산	아세토페논
시료의 이동거리(cm)		
이동상의 이동거리(cm)		
R_f		

3) R_f 값을 통하여 두 물질의 극성도를 비교하여 설명하라.

2. 실험 B

1) TLC를 붙이거나 그림을 그리고 시료 및 이동상의 이동거리를 그려라.

2) R_f 값을 구하여라.

	시료 A	시료 B	시료 C	미지시료
시료의 이동거리(cm)				
이동상의 이동거리(cm)				
R_f				

3) R_f 값을 통하여 미지시료는 무엇인지 예측하라.

질문

1 실험 A에서 전개제의 종류에 따라 TLC에서 R_f 값이 변하는 이유를 설명하라.

2 유기 화합물을 형성하는 결합(H–C, H–O, H–N, S–F, C–O, C–N 등)의 극성도가 차이나는 이유를 논하고 비교하라.

3 다음 분자들이 갖는 극성도와 TLC 기판 위에서의 변화에 대하여 답하라.

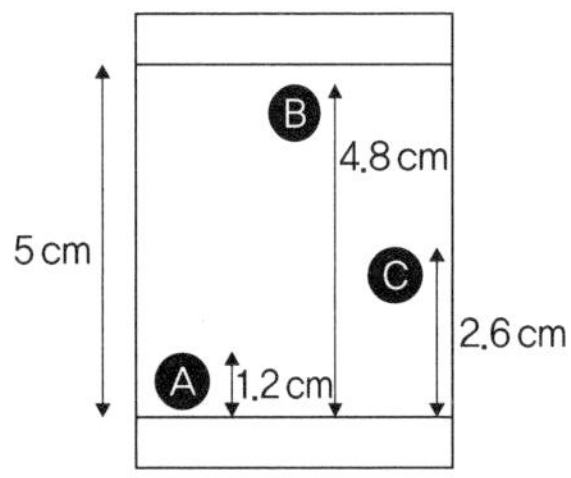

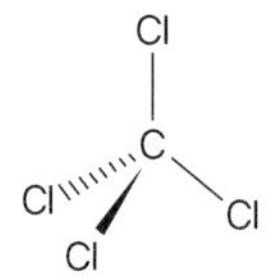

Carbon tetrachloride

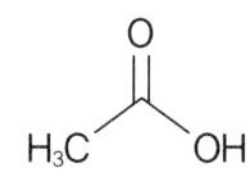

Acetic acid

Methanol

a) 물질 A ,B, C의 R_f 값을 각각 구하라.

A :

B :

C :

b) 물질 A, B, C를 극성인 순서대로 나열하고 그 이유를 서술하라.

c) 물질 A, B, C가 위의 세 가지 화합물에 해당한다고 할 때 B는 무엇인지 예측하라.

4 천연물인 탄수화물류와 단백질류를 분리할 때 주로 역상(reversed phase, RP) 크로마토그래피를 사용하는 이유를 설명하라.

실험 4

바이타민 C 분석

이론

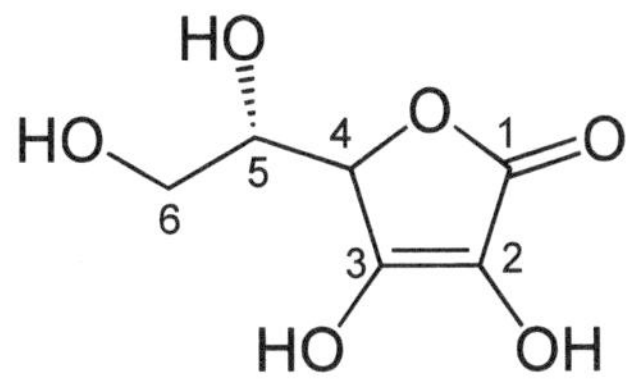

바이타민 C($C_6H_8O_6$) 구조

1. 바이타민 C

바이타민 C는 L-아스코브산(L-ascorbic acid, Asc)이라고 부르기도 한다. 아스코르브산의 pK_{a1} = 4.17이고, pK_{a2} = 11.57로 식초보다 조금 더 산성이 강한 물질이다. 바이타민 C는 4개의 -OH 작용기를 가지고 있다. 이들 중에서 탄소 2번과 3번에 연결된 -OH 작용기의 산성도가 가장 강하다. 이들의 pK_a 값은 각각 pK_{a1} = 4.17(탄소 3번 -OH)과 pK_{a2} = 11.57(탄소 2번 -OH)이다. 2번 탄소에 있는 -OH보다 3번 탄소에 있는 -OH가 약 10^7배만큼 더 큰 산성을 보인다.

1) 바이타민 C 결핍: 괴혈병 유발

바이타민 C는 거의 모든 과일과 채소에 들어있는 바이타민의 중의 하나이다. 바이타민 C 합성 효소를 가지고 있는 육식 동물은 자체적으로 체내에서 이를 합성하기 때문에 채소와 과일을 먹지 않아도 되지만, 합성하지 못하는 동물은 반드시 섭취해야 한다. 인간은 바이타민 C 합성 효소를 가지고 있지 않기 때문에, 바이타민 C는 음식으로 섭취해야 하는 필수 바이타민의 한 종류가 된다. 바이타민 C가 결핍되면 괴혈병을 일으키는데, 과거에 그 이유를 모르고 장기 항해를 하는 선원들이 신선한 채소와 과일로부터 충분한 바이타민 C를 섭취하지 못하여 괴혈병으로 사망하는 사례가 많았다. '아스코브' 또는 '아스코브산염(Ascorbate)'라는 명칭은 본래 'anti-scorbutic'의 약자로, 번역하면 '항괴혈병성인자(抗壞血病性因子)'라고 할 수 있다. 이는 바이타민의 존재가 본격적으로 연구되기 이전, 라임 등 새콤한 과일에 괴혈병을 예방하는 물질(인자)이 들어 있을 것이라는 가설에 따라 명명된 전통적인 이름이다. 오늘날에는 바이타민 C가 괴혈병을 방지하는 원리가 콜라젠의 합성에 관여하여 결합 조직을 형성하는 데 필수적인 영양소이기 때문이라는 것이 밝혀져 있다.

2) 바이타민 C는 환원제로서 항산화 물질

바이타민 C의 항산화 작용은 생리활성에서 발생하는 활성 산소종(reactive oxygen species, ROSs) 또는 활성 질소종(reactive nitrogen species, RNSs)을 소거하는 능력에서 발생한다. 활성 산소종과 활성 질소종은 반응성이 매우 큰 생리활성 중간체로, 이들이 발생하면 이웃에 존재하는 지질, 단백질, 핵산 등 여러 가지 생분자들을 산화시킬 수 있다. 이러한 산화의 부작용은 노화, 암, 당뇨 등과 같은 다양한 질병의 원인이 된다.

2. 바이타민 C의 합성

2000년 바이타민 C의 세계 생산량은 약 11만 톤으로 추산된다. 바이타민 C의 합성은 현재 두 가지 방법으로 진행되고 있다. 첫 번째는 1930년대에 개발된 라이히슈타인(Reichstein) 공정으로, 발효와 화학적 합성을 복합한 바이타민 C 생산 공정이다. 두 번째 공정은 1960년대 중국에서 개발되었고, 라이히슈타인 공정의 화학공정을 대체하기 위해 추가 발효를 사용하는 2단계 발효 공정이다. 두 공정 모두 포도당을 출발 물질로 이용하며 약 60%의 수율로 바이타민 C를 생산한다.

3. 바이타민 C의 산화-환원 반응

1) 직접 아이오딘 적정법(iodimetric titration)

아이오딘의 약한 산화력을 이용하여 환원성 물질을 정량한다. 즉 바이타민 C처럼

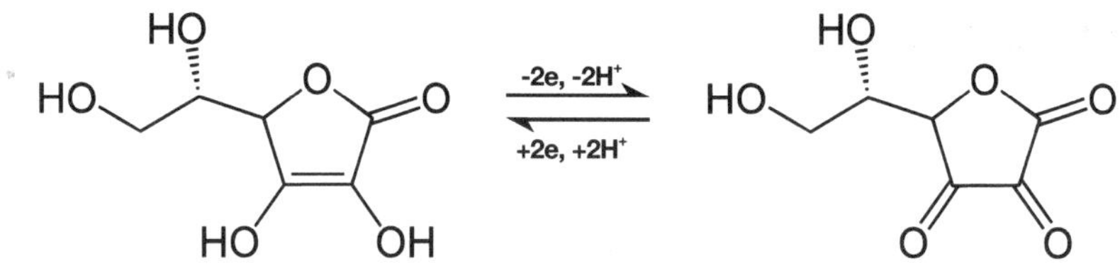

아스코브산
(환원된 형태)

디하이드로아스코브산
(산화된 형태)

아이오딘(I_2)보다 표준 환원 전위가 낮은 물질은 환원제로 작용하므로 아이오딘 표준 용액으로 직접 적정한다. 지시약으로는 녹말을 쓰며, 빛깔이 없어지는 순간을 종말점으로 정한다.

이 실험에서 이용되는 산화–환원 반응은 과정은 반응 1과 같다. 약간 과량의 KI 용액에 KIO_3를 첨가한 다음, 과량의 강산을 넣어 주면 다음 반응에 따라 트라이아이오딘화 이온(I_3^-)이 만들어진다.

$$IO_3^- + 8I^- + 6H^+ \rightarrow 3I_3^- + 3H_2O \qquad \text{(반응 1)}$$

생성된 트라이아이오딘화 이온(I_3^-)은 바이타민 C와 1:1로 반응한다.

$$\text{바이타민 C} + I_3^- + H_2O \rightarrow \text{데하이드로아스코브산} + 8I^- + 2H^+ \qquad \text{(반응 2)}$$

이 두 반응을 조합하면 바이타민 C의 산화–환원 반응은 다음과 같다(반응 3). 반응 3을 이용하여 바이타민 C를 정량할 수 있다.

$$IO_3^- + 3\text{바이타민 C}(C_6H_8O_6) \rightarrow 3\text{데하이드로아스코브산}(C_6H_8O_7) + I^- \qquad \text{(반응 3)}$$

기구 및 시약

기구

뷰렛(50 mL), 삼각 플라스크(125 mL), 부피 플라스크(250 mL), 비커(100 mL), 이동 피펫

시약

2.5 mM 바이타민 C 용액, 녹말 지시약(끓인 물 50 mL에 HgI_2 5 mg과 가용성 녹말 5 g을 넣어 유리막대로 저어준 다음 가만히 놓아두면 두 개의 층이 만들어지고 위의 맑은 층을 지시약으로 사용), 아이오딘 용액(~2.7 mL, 약 0.05 g KIO_3, 1 g KI, 5 mL 0.5 M H_2SO_4를 부피 플라스크에 증류수로 녹여 부피를 재고 농도를 계산한다), 바이타민 C 음료(비타 500), 증류수

실험 방법

1. 실험 A : 표준 바이타민 C를 이용한 아이오딘 용액의 표준화 과정

① 50 mL 뷰렛을 증류수로 깨끗이 씻은 후, 소량의 아이오딘 용액으로 헹군다. 이때 소량의 용액을 뷰렛 끝으로 흘려보낸다. 아이오딘 용액 약 25 mL를 뷰렛에 먼저 채운다. 그 다음 눈금 0점 위치보다 약간 위까지 용액을 채운 다음 눈금 0 아래로 용액을 내린다.

② 후드에 비치된 2.5 mM 바이타민 C 용액을 100 mL 비커에 반 정도 덜어간다.

③ 이동 피펫으로 2.5 mM 바이타민 C 용액 10 mL를 비커에 옮기고 증류수 20 mL를 추가한다.

④ 녹말 지시약 2~3 mL를 비커에 가한다.

⑤ **예비 적정**: 종말점을 대략 알고자 짙은 청색이 나타날 때까지 빠른 속도로 적정을 해 본다.

⑥ **본 적정**: 예상되는 종말점 전 1 mL까지는 한 번에 1 mL씩 아이오딘 용액을 계

속 가한다. 그런 다음 아이오딘 용액을 조심스럽게 방울방울 떨어뜨린다.

⑦ 본 적정을 두 번 더 반복한다. 사용된 아이오딘 부피로부터 용액의 농도를 결정하고 평균값과 불확정도를 구한다.

2. 실험 B: 아이오딘 용액으로 바이타민 C 음료의 농도 결정

① 50 mL 뷰렛을 증류수로 깨끗이 씻은 후, 소량의 아이오딘 용액으로 헹군다. 이때 소량의 용액을 뷰렛 끝으로 흘려보낸다. 아이오딘 용액 약 25 mL를 뷰렛에 먼저 채운다. 그다음 눈금 0점 위치보다 약간 위까지 용액을 채운 다음 눈금 0 아래로 용액을 내린다.

② 미지시료는 시판되는 비타 500이다. 미지시료 원액 20 mL를 이동 피펫을 사용하여 100 mL 부피 플라스크에 넣고 표선까지 증류수를 채운다(5배 희석).

③ 희석된 시료 10 mL를 이동 피펫을 사용하여 비커에 옮기고, 증류수 약 20 mL를 추가한다.

④ 녹말 지시약 2~3 mL를 비커에 가한다.

⑤ **예비 적정**: 종말점을 대략 알기 위해 짙은 청색이 나타날 때까지 빠른 속도로 적정한다.

⑥ **본 적정**: 예상되는 종말점 전 1 mL까지는 한 번에 1 mL씩 아이오딘 용액을 계속 가한다. 그런 다음 아이오딘 용액을 조심스럽게 방울방울 떨어뜨린다.

⑦ 반응이 완결 후 희석된 미지시료의 바이타민 C 농도를 결정한다.

⑧ 미지시료 원액의 바이타민 C 농도를 결정하고, 미지시료 1병에 있는 바이타민 C 무게를 결정한다. 미지시료 라벨에 적힌 함량과 비교한다.

실험 결과

1. 실험 A: 표준 바이타민 C를 이용한 아이오딘 용액의 표준화 과정

바이타민 C 용액의 부피(mL)	
바이타민 C 용액의 농도(mM)	

적정 횟수	예비 적정	본 적정1	본 적정2	본 적정3
사용된 아이오딘의 부피(mL)				
아이오딘 용액의 농도(mM)				
아이오딘 평균 농도와 불확정도(mM)				

2. 실험 B: 아이오딘 용액으로 미지시료의 바이타민 C 농도 결정

아이오딘 용액의 농도 (mM)	
바이타민 C 미지시료의 부피 (mL)	

적정 횟수	예비 적정	본 적정1	본 적정2	본 적정3
사용된 아이오딘 용액 부피(mL)				
아이오딘 용액 평균 부피와 불확정도(mL)				

3. 최종 결과 계산 값

5배 희석된 미지시료 내 바이타민 C의 농도(mM)	
미지시료 원액 내 바이타민 C의 농도(mM)	
바이타민 C 함유량(mg/병)	

질문

1 과일 주스나 음료수에 들어있는 바이타민 C를 정량할 때, 산–염기 적정 대신 산화–환원 적정을 이용하는 이유를 설명하라.

2 녹말 지시약은 아이오딘과 녹말이 착물을 형성하고 있다. 이 구조를 조사하고 구조의 특이성에 대하여 설명하라.

3 바이타민 C를 포함하고 있는 의약품, 음료, 식품에는 바이타민 C가 표시된 양보다 실제로 적게 검출된다. 그 이유를 설명하라.

실험 5

생활 속의 산-염기 분석

이론

1. 산

산은 종류도 많고 그 쓰임새도 매우 다양하여, 우리 생활에서도 흔히 볼 수 있다. 영어로 산은 acid라 하는데, 본래는 시큼하다는 의미가 있는 *acidus*라는 라틴어에 뿌리를 두고 있다. 대표적인 신맛의 선두 주자인 식초를 비롯하여 많은 과일은 신맛이 난다. 산은 벌이나 개미와 같은 곤충들에게서도 분비된다. 특히 벌의 침 속에는 강한 독성을 지닌 산이 들어 있기 때문에 벌에 쏘이면 매우 아프고 심한 경우 목숨을 잃을 수도 있으므로 각별히 조심해야 한다. 레몬·귤·석류 등 많은 과일에 공통으로 들어 있는 산은 구연산(citric acid)이다. 이 구연산은 우리 몸의 대사 작용에 관여하며, 구연산 회로(citric acid cycle)를 구성하는 기본 물질이다. 신맛이 나는 탄산음료에는 대부분 구연산이 포함되어 있다. 아미노산(amino acid)은 우리의 몸을 구성하는 단백질을 만드는 원료로 사용되며, 아스코브산(ascorbic acid)은 우리 귀에 익숙한 바이타민 C의 관용명이다. 콜라, 사이다와 같은 음료에는 탄산이 포함되어 있다. 탄산은 수용액에 이산화 탄소를 녹여서 만들 수 있다. 자동차용 납 축전지에 들어 있는 용액은 황산이며, 우리의 위에서 분비되어 소화를 돕고 균을 죽여 건강의 1차 파수꾼 역할을 담당하는 것은 염산이다. 황산은 산업에서 매우 다양하게 이용되며, 특정 국가의 황산 생산량으로 그 나라의 화학 공업의 발달 정도를 가늠하는 기준으로 삼을 만큼 중요하다.

2. 유기산과 무기산

일상의 다양한 산들은 크게 유기산과 무기산, 두 종류로 구분할 수 있다. 유기산은 탄소를 포함하는 유기 화합물 중에서 산의 특성을 나타내는 것을 말한다. 폼산(개미산), 아세트산, 구연산, 아스코브산 등은 유기산에 속한다. 황산, 인산, 질산, 염산처럼 황, 인, 질소, 염소 등의 비금속 원소가 포함된 무기 화합물 중에서 산의 특성을 나타내는 것을 무기산이라 한다. 탄소가 포함되어 있지만 탄산은 예외적으로 무기산으로 분류한다.

유기산들은 각종 과일이나 채소는 물론 동물에도 들어 있다. 유기산은 탄소 원자로 구성된 분자 뭉치(R−로 표기)의 말단에 카복시기(−COO−H^+)나 설폰산기(−SO_3−H^+)가 연결된 구조로 되어 있다. 가장 간단한 유기산은 개미산(HCOOH)과 아세트산(CH_3COOH)인데, 구조에서 보는 바와 같이 알킬기(R−)가 수소와 메틸기이며 카복시기가 1개 연결되어 있다. 동물이나 식물에 포함된 다양한 지방산도 탄화수소 골격에 카복시기가 1개 연결되어 있다. 탄화수소 골격에 포함된 이중 결합의 종류에 따라 시스 지방산과 트랜스 지방산으로 구분한다. 자연산으로 얻어지는 지방산은 대부분 시스 구조를 포함하는 탄소 뭉치가 달렸다.

방향족 탄소 화합물인 벤젠에 1개의 카복시기가 연결된 것은 안식향산(benzoic acid, 벤조산)으로, 식품위생법으로 허용되는 방부제 중 하나이다. 샐러드드레싱, 탄산음료 등과 같은 상품의 성분 설명서에는 안식향산 소듐이 빠짐없이 등장한다. 안식향산 소듐은 세균이나 곰팡이 발육을 저지하는 효과가 있어서 방부제로 사용되며, 안식향산 용액에 수산화 소듐을 첨가하고 물을 증발시키면 형성되는 하얀색 고체가 그것이다. 안식향산 소듐은 심지어 감기약에도 첨가되는 방부제로 사용되며, 안식향산보다 안식향산 소듐이 물에 잘 녹기 때문에, 첨가제로 사용할 때 농도 조절이 쉽다는 장점이 있어 더욱 널리 쓰인다.

일반적으로 무기산은 유기산보다 더 강산이며, 유기 용매보다는 물에 잘 녹는 특성이 있다. 무기산은 물에 녹아 수소 이온(H^+)을 내놓는다. 다량의 화학 물질을 생산할 때 산이 필요하다면 보통 무기산을 많이 이용한다. 공기 중의 이산화 탄소가 물에 녹아 형성되는 탄산, 폭약제조 혹은 로켓 연료의 산화제로 사용되는 질산, 우리 몸의 위에서 방출되는 염산, 콜라에 들어 있는 인산, 간단한 소독약 혹은 바퀴벌

레 퇴치용으로도 사용되는 붕산은 모두 무기산이다.

3. 염기

반면 일상생활에서 오래전부터 사용된 염기로는 수산화 소듐(NaOH)이 주성분인 양잿물이 있다. 전통적으로 잿물은 콩깍지, 짚 등을 완전히 태운 뒤 그 재를 시루에 안치고 물을 부어 우려낸 물로 '재의 물'의 줄임말이다. 조선 시대에 잿물로 빨래를 했다는 기록이 있는데, 잿물은 주로 면이나 마로 된 옷감을 빨 때 사용했다고 한다. 수산화 소듐은 미끌미끌하여 잿물처럼 빨래하는 데 사용할 수 있어 서양에서 들여온 잿물이라는 뜻에서 양잿물이라고 불렸다.

맛을 볼 수 있는 염기는 모두 쓴맛을 나타낸다. 대표적인 것으로는 빵을 부풀리기 위해 사용하는 소다가 있다. 소다는 탄산수소 소듐($NaHCO_3$)이라는 물질로 만든다. 이 탄산수소 소듐이 염기이기 때문에 쓴맛이 나는 것이다.

4. 적정

적정(titration)은 특정 화학종의 농도를 결정하기 위해 사용하는 정량 분석법(quantitative analysis)의 일종으로 적정법(titrimetry)으로도 불린다. 적정에서는 이미 농도를 알고 있는 표준 용액(standard solution)을 이용하여 미지 농도의 용액 속에 존재하는 용질과 완전히 반응시키기 위해 소모된 표준 용액의 양을 측정함으로써 분석물의 농도를 결정한다. titration이란 용어의 기원은 1543년 프랑스어 tiltre로 거슬러 올라가는데, 이는 동전에 존재하는 금 혹은 은의 비율, 즉 순도에 대한 척도를 뜻한다. 1828년 프랑스의 화학자인 게이-뤼삭(Gay-Lussac)은 주어진 시료에서 특정 물질의 농도를 결정하는 과정에 titrer란 용어를 최초로 사용하였다. 부피 분석법은 18세기 후반 프랑스에서 뷰렛의 개발과 함께 발전하였고, 모어(Karl Friedrich Mohr)가 뷰렛을 매우 편리한 형태로 개발함으로써 널리 활용되기 시작하였다.

5. 산-염기 적정 방법

부피 적정법은 가장 많이 활용되는 적정법으로서 이미 농도를 알고 있는 표준 용액(표준 적정 시약(standard titrant)으로도 부름)을 미지 농도의 분석물에 서서히 첨가하여 분석물과 표준 용액 사이의 반응을 완결시킨다. 이때 화학량론적으로 동일한 양을 사용한 당량점(equivalent point)에 이를 때까지 첨가한 표준 용액의 부피를, 뷰렛 등의 부피 측정 장치로 측정하여 분석 물질의 농도를 결정한다. 전형적인 적정 과정은 우선 정확한 부피를 측정한 일정량의 분석물을 비커 혹은 플라스크에 페놀프탈레인(phenolphthalein) 등의 지시약(indicator) 소량(일반적으로 한 두 방울)과 함께 첨가한다. 또한, 표준 용액인 적정 시약은 미리 검정한 뷰렛 혹은 피펫에 채운다. 그 후 적정 시약을 뷰렛으로부터 분석물에 조금씩 떨어뜨려 지시약의 색이 변할 때까지, 즉 종말점(endpoint)에 이를 때까지 가해준다. 페놀프탈레인 염료는 산성 용액에서는 무색이지만 염기성 용액에서는 분홍색이다. 적정이 완료된 후 반응이 종말점에 이를 때까지 소모된 표준 용액의 부피로부터 분석물의 농도를 다음과 같이 계산할 수 있다.

$$C_a = (C_t \cdot V_t \cdot M)/V_a$$

여기서 C_a는 분석물의 몰농도, C_t는 적정 시약의 몰농도, V_t는 적정 시약의 부피(단위: 리터), M은 완결된 반응식에서 분석물과 반응물의 몰비, 그리고 V_a는 분석물질의 부피(단위: 리터)를 나타낸다.

중화 반응이 진행되는 과정에서의 수용액의 pH의 변화를 나타낸 곡선을 중화 적정 곡선이라고 한다. 중화 적정 곡선은 산·염기의 세기에 따라서 달라진다. 적정의 종말점을 확인하는 여러 방법 중 가장 간단한 것은 눈으로 확인하는 시각 적정 방법이며, 지시약을 주로 사용한다. 강한 산과 강한 염기의 중화 반응 경우는 중화점 근처의 pH 변색 범위가 넓어서 어떤 시약을 사용해도 좋다. 그러나 약한 산과 강한 염기의 중화 반응에서는 중화점에서의 pH가 7보다 커지므로 변색 범위가 8~10인 페놀프탈레인(PP)을 지시약으로 사용한다. 또한 강한 산과 약한 염기의 중화 반응에서는 중화점에서의 pH가 7보다 작으므로 변색 범위가 3.1~4.4인 메틸 오렌지(MO)를 지시약으로 사용한다.

기구 및 시약

시약

뷰렛(50 mL), 삼각 플라스크(250 mL), 비커(100 mL), 이동 피펫

기구

식용 식초, 0.5 M 수산화 소듐(NaOH) 표준 용액, 페놀프탈레인 지시약, 증류수

실험 방법

주의사항

- 적정은 총 4회 진행한다(1회는 예비 적정, 3회는 본 적정).
- 뷰렛의 끝이 깨지면 오차가 발생할 수 있으므로 깨지지 않도록 한다.
- 페놀프탈레인 용액을 2~3방울보다 많이 넣을 시 실험 오차가 발생할 수 있으므로 과량으로 넣지 않는다.

식용 식초 분석

① 시판되고 있는 식초 10.00 mL를 이동 피펫으로 정확하게 취해서 250 mL 삼각 플라스크에 넣고 식초의 무게를 잰다.

② 약 40 mL의 증류수를 넣은 다음에 **갈색 지시약 병에 담긴 페놀프탈레인 지시약 2~3방울**을 넣는다

③ 뷰렛에 0.5 M 수산화 소듐 표준 용액을 넣고 적정한다. 페놀프탈레인의 분홍색이 나타나기 시작하면 수산화 소듐 용액을 조금씩 넣어주면서 용액을 잘 저어준다. 분홍색이 30초 이상 지속된 후 없어지면 수산화 소듐 한 방울을 더 넣어준다. 색이 변하지 않으면 종말점으로 간주한다.

④ 위 실험 과정을 3번 더 반복한다

⑤ 반복한 후 본적정 결과로 순도에 따른 평균, 표준편차를 구한다

실험 결과

수행한 실험을 토대로 다음 결과표의 빈칸을 채우라(최종 순도는 소수점 셋째 자리까지).

	예비 적정	본 적정1	본 적정2	본 적정3
식초의 무게(g)				
NaOH 표준 용액의 농도(M)				
소비된 NaOH의 부피(mL)				
소비된 NaOH의 몰수(mol)				
소비된 아세트산의 몰수(mol)				
아세트산의 질량(g)				
식초의 순도(%)				
식초 순도의 평균(%)				
식초 순도의 불확정도				
최종 순도				
라벨에 적힌 순도				

질문

1 이 실험에서 지시약으로 페놀프탈레인을 사용해도 좋은 이유를 약산–강염기 중화 적정 곡선을 그려서 설명하라.

2 식용 식초는 약산이다. 약산인 이유를 아세트산의 구조를 이용하여 설명하라.

3 당량점과 종말점을 설명하고, 적정 결과에 영향을 미칠 수 있는 오차의 요인을 제안하라.

실험 6

센물 분석

이론

1. 센물

센물(hard water)은 미네랄 성분, 특히 마그네슘(Mg)과 칼슘(Ca) 이온을 많이 포함하는 물이다. 물이 탄산 칼슘($CaCO_3$), 탄산 마그네슘($MgCO_3$)으로 이루어진 석회석 층을 통과할 때 과량의 무기 화합물이 용해되면 센물이 형성된다. 일반적으로 칼슘 이온과 마그네슘 이온이 일정 기준(120 ppm)이상으로 녹아 있는 물을 센물(경수)이라고 한다. 음용수로서 무기질 섭취에 따른 건강상 이점이 있지만, 물맛이 좋지 않고 일상생활에서 비누나 세제의 거품 형성을 방해하여 세정력을 저하시킨다. 보일러 및 냉각탑 등 물을 사용하는 장치에서 센물을 사용할 때는 석회질이 용출되며 배관을 막히게 하여 고장의 주요 원인이 된다.

2. 센물의 형성

센물은 다가 양이온 중 대표적으로 Ca^{2+}, Mg^{2+} 이온의 용해에 따라 생성된다. 이런 이온들은 지하 암반층 광물에서 지하수로 유입된다. 칼슘은 방해석과 석고에서, 마그네슘은 돌로마이트에서 침출된다. 화학적으로는 물에 용해도가 낮은 탄산 칼슘($CaCO_3$)이 이산화 탄소 및 물과 반응하여 용해도가 높은 탄산수소 칼슘($Ca(HCO_3)_2$)으로 변하여 센물을 형성한다.

$$CaCO_3(s) + CO_2(aq) + H_2O(l) \rightleftarrows Ca^{2+}(aq) + 2HCO_3^-(aq)$$

이렇게 생성된 센물은 물을 끓여주면 위 화학 반응의 역반응이 일어난다. 이산화 탄소의 제거와 함께 물에 대한 용해도가 낮은 탄산 칼슘으로 변환하며 식히면 침전하여 단물로 변한다. 하지만 미네랄의 주요 원인이 탄산수소 이온이 아닌 타 음이온, 예를 들어 황산 칼슘이나 염화 칼슘인 경우 석출의 방법으로는 제거되지 않는다. 이들은 증류 또는 이온 교환 수지를 이용하여 단물로 변환 가능하다.

3. 센물 분석

금속 이온과 결합하여 착물을 형성하는 킬레이트제 EDTA(ethylenediaminetetra-acetic acid)를 이용하여 센물의 Ca^{2+}와 Mg^{2+}의 전체 농도를 구한다. 암모니아 완충 용액을 사용하여 시료 용액을 pH 10으로 만들고, EDTA로 적정하면 Ca^{2+}와 Mg^{2+}의 전체 농도를 알 수 있다. 만일 암모니아를 사용하지 않고, pH 13의 시료 용액에서 적정하면 Ca^{2+}만 분리하여 적정할 수 있다. pH 13에서는 수산화 마그네슘($Mg(OH)_2$) 침전이 생겨 Mg^{2+} 이온은 EDTA와 반응하지 않는다.

1) EDTA

EDTA는 N,N,N',N'−ethylenediaminetetraacetic acid라는 유기 화합물이다. EDTA는 전기적으로 중성인 형태가 아닌 4가 음전하를 갖는 ethylenediaminetetraacetate로도 통용되는데, 이러한 경우 앞서 언급한 화합물 ethylenediaminetetraacetic acid는 H_4EDTA로 표기한다. 응용성 측면에서 4가 음이온의 전하를 갖는 EDTA는 양전하를 갖는 주족 또는 전이 금속 이온과 6 배위 결합을 하여 카이랄성을 가진 킬레이트 화합물을 만든다. EDTA는 금속 이온을 중심으로 하는 팔면체의 여섯 꼭짓점에

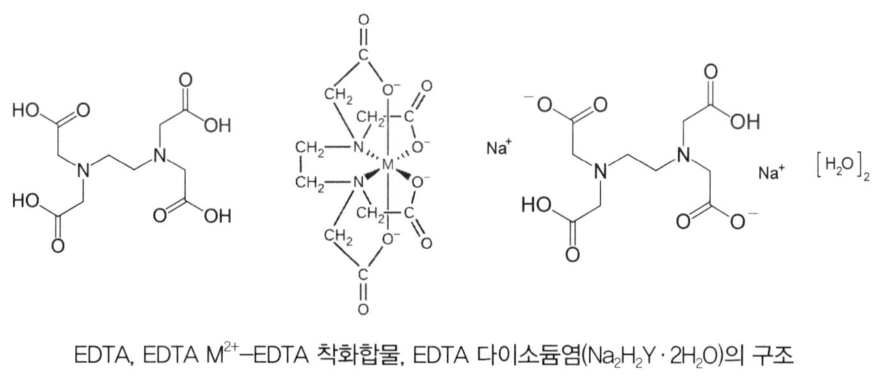

EDTA, EDTA M^{2+}−EDTA 착화합물, EDTA 다이소듐염($Na_2H_2Y \cdot 2H_2O$)의 구조

동시에 배위할 수 있으며, 그 결과 중심 금속은 리간드에 의해 둘러싸이게 된다. 따라서 EDTA는 특정 금속 이온에 대하여 강한 친화력을 가진다.

2) EDTA 다이소듐염($Na_2H_2Y \cdot 2H_2O$)

EDTA는 다이소듐염($Na_2H_2Y \cdot 2H_2O$) 형태의 시약으로 사용하는데, 물에 잘 녹고 정제하기가 쉬우며, 흡습성이 없으므로 보관과 취급이 용이하다.

4. 배위 결합(coordination bond) 및 착화합물

EDTA는 금속 이온과 배위 결합하여 열역학적으로 안정한 착화합물을 형성(킬레이트 효과)하는데, 이러한 EDTA의 성질을 화학 실험, 의료, 미용 등 다양한 분야에서 활용하고 있다. 분석 화학 분야에서는 EDTA를 이용하여 마그네슘, 칼슘 등 금속 이온의 적정을 통해 정량 분석을 할 수 있으며, 유기 화학 분야에서는 용액 내 금속 이온과 배위 결합하고 있는 유기 화합물을 금속 이온과 분리하여 해당 유기 화합물만을 순수하게 얻고자 할 때, EDTA를 첨가하여 금속 이온의 리간드 치환 반응을 통해 EDTA 착이온 화합물을 형성시킨 후 유기 화합물을 해리(dissociation) 및 추출(extraction)하여 분리할 수 있다.

5. EBT 지시약

EBT는 에리오크롬블랙티의 머리글자를 딴 것이다. 검붉은색의 금속 광택을 가진 분말로, 킬레이트적정에서 반응 종점을 결정하는 데 사용하는 금속 지시약이다. 금속 이온과 반응해 색깔이 있는 킬레이트 화합물을 만들고, 수소 지수인 pH에 따라 색깔이 달라지는 성질이 있어 반응 종점을 알 수 있다. EBT 수용액은 pH 10 부근에서 청색을 나타내는데, Ca^{2+}이나 Mg^{2+} 등 금속 이온이 있으면 적자색 착화합물을 만든다. 여기에 EDTA로 적정하면 EBT에 배위 되어 있던 금속 이온이 EDTA와 더 강한 착화합물을 만들면서 EBT 지시약은 떨어져 나간다. 이로 인해 반응 종점에서 용액 색깔은 EBT의 본래 색인 푸른색으로 변한다. EBT는 보통 칼슘과 마그네슘 등의 금속 이온을 함유한 용액의 킬레이트 적정에서 지시약으로 많이 사용한다.

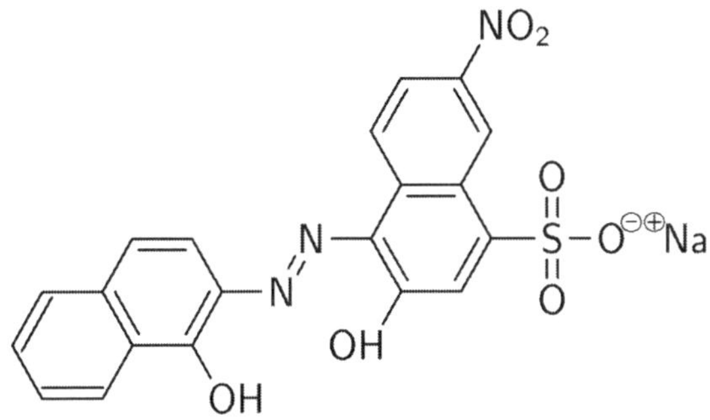

Mg^{2+}−EBT 착화합물(적자색)+EDTA → EBT(청색)+Mg^{2+}−EDTA 착화합물(무색)

Ca^{2+}−EBT 착화합물(적자색)+EDTA → EBT(청색) + Ca^{2+}−EDTA 착화합물(무색)

이 실험에서는 시료 용액을 EDTA 표준 용액으로 직접 적정하여 종말점까지 소비된 EDTA 표준 용액의 부피로부터 미지시료의 농도를 확인한다.

기구 및 시약

기구

적정 장치, 뷰렛(50 mL), 삼각 플라스크(125, 250 mL), 비커(100 mL), 이동 피펫, 깔때기, 가열판, 자석 젓개

시약

0.001 M EDTA(Na_2H_2Y) 용액, 물 시료(수돗물), pH 10 완충 용액, EBT(Eriochrome Black T) 지시약

실험 방법

주의사항

- 적정은 총 4회 진행한다(1회는 예비 적정, 3회는 본 적정).
- 뷰렛의 끝이 깨지면 오차가 발생할 수 있으므로 깨지지 않도록 한다.
- 반드시 실험방마다 한 개의 수도꼭지에서 수돗물을 받아야 한다.

센물 분석

① 코니컬 비커에 메스 실린더를 이용하여 수돗물 20 mL를 넣고, 파스퇴르 피펫을 이용하여 EBT 지시약 6~7 방울을 넣어준다. 10 mL 피펫을 사용하여 pH 10 완충 용액을 6 mL를 넣어준다.

② 뷰렛에 0.001 M EDTA를 채운다.

②-1 뷰렛의 밸브를 잠근 다음 내부를 소량의 EDTA로 세척한다.

②-2 세척한 EDTA는 밸브를 열어서 버리고, 밸브를 잠근 뒤 새로운 EDTA로 채운다(이때 받아두기용 비커를 준비해 놓고 뷰렛을 세척한 EDTA는 재사용하지 않는다).

②-3 밸브를 다시 잠그고 뷰렛 눈금 끝까지 EDTA를 채운다.

②-4 뷰렛의 눈금을 읽고 기록한다. 만약 EDTA가 부족하다면 추가 기록 후 바로 보충한다.

②-5 뷰렛 마지막 눈금 밑으로 EDTA를 흘려보내지 않도록 한다.

③ 총 4번의 적정(예비 적정 1번, 본 적정 3번) 을 통해 데이터를 정리하고 결과표를 작성한다.

실험 결과

센물 분석 실험을 진행한 뒤, 계산과정을 적고 표의 빈칸을 채우라(소수점 첫째 자리까지 유효 숫자 고려하여 적으시오).

	예비 적정	1회	2회	3회
물 시료 부피(mL)				
뷰렛 시작 눈금(mL)				
뷰렛 마지막 눈금(mL)				
Na_2H_2Y 적정 부피(mL)				
Na_2H_2Y 몰수 $= Ca^{2+} + Mg^{2+}$ (mmol)				
$CaCO_3$ 질량(g)* (몰수 x 분자량) (분자량: 100.087)				
$CaCO_3$ ppm*				
$CaCO_3$ 평균 ppm*				

* 물 시료의 세기가 오직 $CaCO_3$만에 의한 것이라고 가정하고 1 L 시료에 포함된 $CaCO_3$의 g 값과 ppm 값으로 세기를 표현해 보자.

질문

1 배위 결합의 정의를 설명하고 배위 결합에 해당하는 반응식을 한 가지 제시하라.

2 EBT 지시약의 pH 범위에 따른 색 변화를 조사하고 설명하라. pH 10 완충 용액을 첨가하는 이유는?

3 금속 이온과 EDTA가 결합 반응에 대하여 형성 상수(K_f, formation constant)를 쓰고, 형성 상수(결합 상수)를 설명하라.

실험 7

킬레이트 화합물 합성

이론

1. 배위 결합, 착화합물, 리간드

1) 배위 결합

배위 결합(coordinate(covalent) bond)이란 루이스 산(Lewis acid)과 루이스 염기(Lewis base)가 반응하여 루이스 첨가 생성물을 생성할 때, 결합에 참여하는 공유 전자(shared electrons)가 한쪽의 원자에서 일방적으로 제공되면서 생기는 결합을 말한다. 배위(coordination)는 중심 원자 주위의 리간드(ligand)의 수를 설명하기 위해서도 사용되며 반드시 2-전자 결합만을 의미하지는 않는다.

2) 착화합물

배위 결합을 하는 루이스 첨가 생성물을 배위 착화합물(coordination complex)이라 한다. 배위 착화합물은 일반적으로 배위 중심(coordination center)이라 불리는 금속 원자 이온과 주위에 리간드(ligand) 혹은 착화제(complexing agent)로 불리는 분자 또는 이온으로 이루어진다. 전이 금속의 양이온과 분자 혹은 이온과의 배위 결합은 물에 용해되어도 결합이 끊어지지 않는다.

3) 리간드

착화합물에서 중심 금속 이온과 배위 결합하고 있는 분자나 이온을 리간드라고 하며, 리간드의 수를 배위수(coordination number)라고 한다. 리간드의 종류에 따라 중심 금속과 한 개 이상의 결합을 형성할 수 있으며 이에 따라 리간드의 자리 수가 결정된다. 한 개의 결합을 형성하면 한자리(monodentate) 리간드, 두 개면 두자리(bidentate), 세 개면 세자리(tridentate), 그 이상이면 여러 자리(multidentate 혹은 polydentate) 리간드라고 하며 두자리 이상의 리간드를 킬레이트(chelate)라고 한다. 착화합물의 구조는 일반적으로 배위수(coordination number)와 리간드의 종류 및 크기 등 다양한 요인에 따라 결정되는데, 배위수가 2이면 선형 구조, 3이면 삼각형 구조, 4이면 평면 사각형이나 정사면체 혹은 삼각 피라미드 구조, 5이면 삼각 쌍뿔이나 사각 피라미드 구조, 6이면 주로 팔면체 구조를 갖는다.

2. 킬레이트, 킬레이트 리간드

1) 킬레이트

전이 금속 원자나 이온은 대부분 하나 이상의 리간드와 결합한다. 만일 리간드 한 분자 안에 여러 개의 주개 원자가 있으면, 중심 금속을 감싸는 모양의 배위 결합을 동시에 만들 수 있다. 이런 여러 자리(multidentate 혹은 polydentate) 리간드의 금속 착화합물을 킬레이트(chelate)라고 부른다.

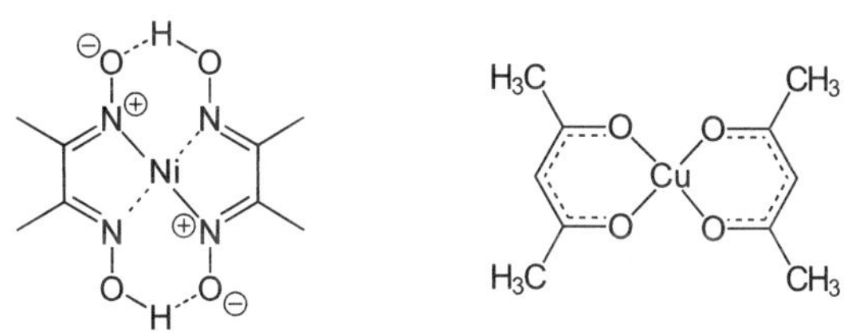

$Ni(DMG)_2$ $Cu(acac)_2$

여러 자리 리간드

2) 킬레이트 리간드

킬레이트 리간드는 주개 원자의 종류, 개수, 그리고 분자의 모양(선형, 가지형, 거대 고리형 등)에 따라서 다음 그림과 같이 다양한 형태를 보인다. 여러 자리 리간드로 분자의 크기가 커지고 구조가 복잡해지더라도 인접한 주개 원자와 금속 중심이 만드는 킬레이트 고리는 구조적으로 안정한 5각 아니면 6각으로 유지되는 것이 좋다.

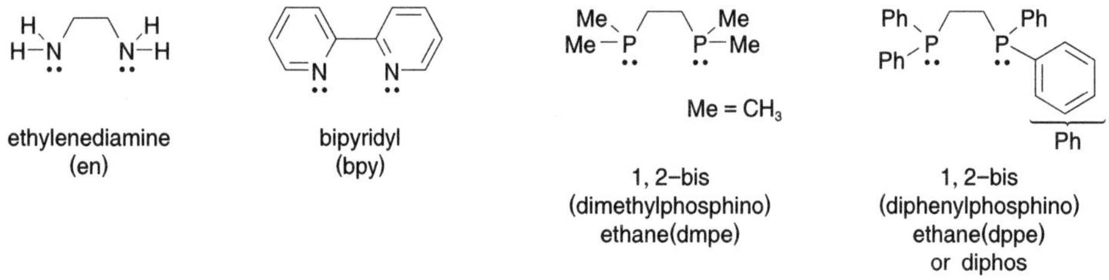

중성 두자리(bidentate) 리간드

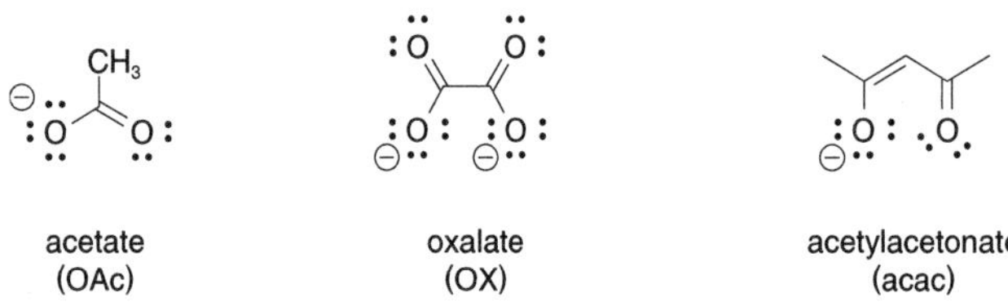

음이온 두자리(bidentate) 리간드

3. $Cr(acac)_3$ 합성

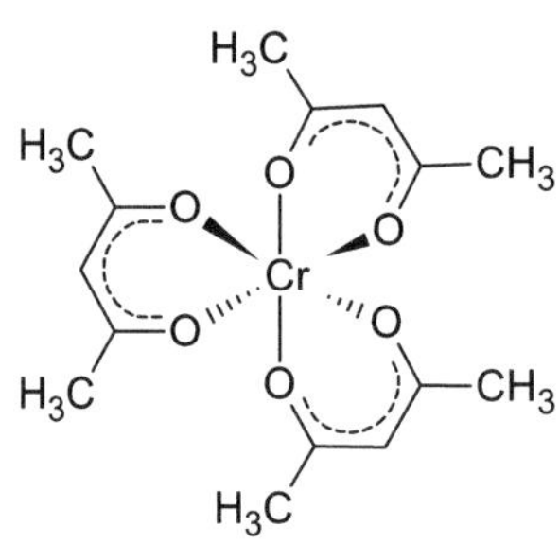

$Cr(acac)_3$ 정팔면체 구조

크로뮴(III) 아세틸아세토네이트는 화학식 $Cr(C_5H_7O_2)_3$을 갖는 배위 화합물이며 때로 $Cr(acac)_3$으로 표시한다. 이 자줏빛 킬레이트 화합물은 비극성 유기 용매에 대한 용해도와 상자성 때문에 NMR 분광법에서 완화제로 사용된다. 이 실험에서는 대표적인 두자리 리간드인 아세틸아세톤(acetylacetone, acacH)이라고도 부르는 2,4-펜테인다이온(2,4-pentanedione)을 이용하여 정팔면체 구조의 크로뮴(III) 킬레이트 화합물 $Cr(acac)_3$를 합성하고자 한다.

아세틸아세톤(acacH) 화합물에 염기(base)를 첨가하면 두 개의 카보닐 작용기 사이의 탄소에 결합된 수소는 산성도가 높아서 쉽게 탈수소화 반응이 진행된다. 그 결과로 음이온인 아세틸아세토네이트 음이온 acac−를 만든다. acac− 음이온는 세 가지 공명 구조를 갖는 상대적으로 안정한 이온이다. 이 실험에서 사용되는 염기는 요소(urea, $(NH_2)_2C{=}O$)로부터 가열 시 분해되어 얻어지는 암모니아(NH_3)이다.

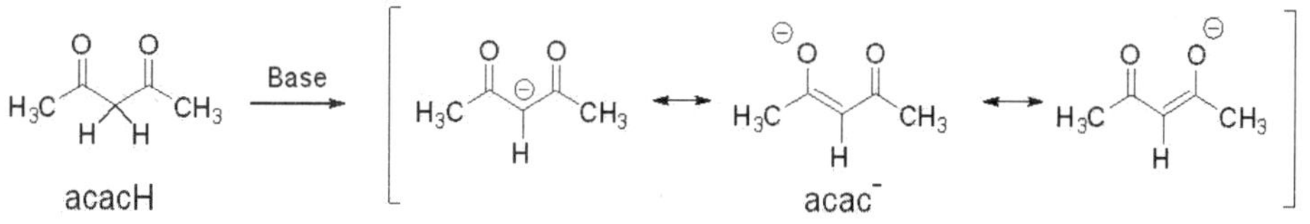

$$(NH_2)_2C{=}O + H_2O \rightarrow 2NH_3(\text{base}) + CO_2$$

acac−는 카보닐기의 산소 두 개를 이용하여 중심 금속과 배위 결합을 할 수 있는 두자리 리간드이다. 따라서 배위수가 6인 팔면체 킬레이트 화합물을 형성하기 위해서는 세 개의 acac− 리간드가 필요하다. 이 화합물은 전기적으로 중성이며 소수성을 나타내어 물과 같이 극성이 큰 용매에는 잘 녹지 않는다. 반면 무극성인 유기 용매에는 잘 녹는다.

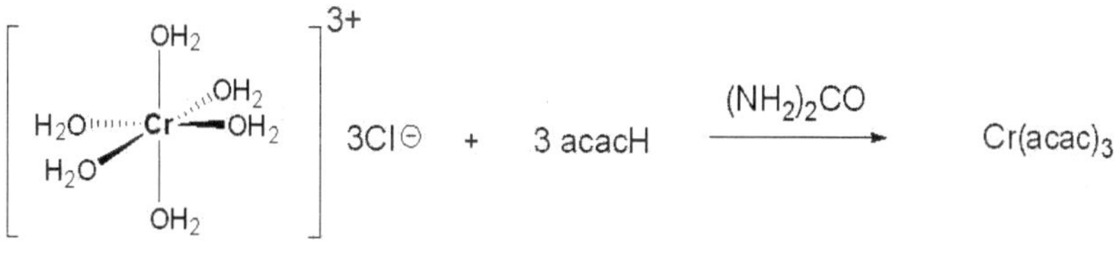

기구 및 시약

기구

삼각 플라스크(125, 250 mL), 비커(100 mL), 이동 피펫, 깔때기, 가열판, 거름종이, 자석 젓개, 유리 막대

시약

염화 크로뮴(III)($CrCl_3 \cdot 6H_2O$), 아세틸아세톤(2,4-펜테인다이온), 요소(urea, NH_2CONH_2)

실험 방법

주의사항

- 아세틸아세톤(2,4-펜테인다이온)은 반드시 후드 안에서 사용한다
- 가열기를 사용할 때 화상을 입지 않도록 주의한다
- 반응 후 용액은 폐수통에 조심해서 버린다

$Cr(acac)_3$ 합성

① 0.15 g의 염화 크로뮴(III)($CrCl_3 \cdot 6H_2O$)을 삼각 플라스크에 넣고 증류수 20 mL로 녹인다.

② 녹인 용액에 3.0 g의 요소를 넣는다.

③ 1.0 mL의 아세틸아세톤을 피펫을 사용하여 첨가한다.

④ 삼각 플라스크의 혼합물을 스탠드에 고정하고 가열판 위에서 바로 가열한다. 자석 젓개나 유리 막대로 잘 저어주면서 끓기까지 서서히 가열한다.

⑤ 약 20~30분간 가열한다. 가열되면서 요소가 암모니아와 이산화 탄소로 분해되어 용액이 염기성으로 바뀌고 짙은 자주색이 된다.

⑥ 반응 용액을 천천히 식혀 플라스크에 짙은 보라색 결정을 얻는다.

⑦ 용액을 거름종이와 깔때기로 걸러서 결정을 분리한다. 파스퇴르 피펫을 사용하여 1~2 mL의 증류수로 결정을 조심스럽게 씻는다. 이 과정을 두세 번 반복하여 불순물과 남은 아세틸아세톤을 제거한다.

⑧ 분리한 결정을 공기 중에 잘 말린 다음 무게를 잰다.

⑨ 시간이 허락하면 녹는점을 측정한다.

실험 결과

다음 표에 데이터를 적고 필요한 부분의 계산을 완료하라(소수점 첫째 자리까지 유효 숫자를 고려하라).

사용 시약	
$CrCl_3 \cdot 6H_2O$의 질량(g) / 몰수	
요소의 질량(g) / 몰수	
아세틸아세톤 부피 / 몰수	
얻어진 결정의 질량(g) / 몰수	
수득률(%)	
녹는점(측정 시)	

질문

1 실험적 수득률이 이론적 수득률보다 항상 작은 이유는?

2 요소를 가열하여 얻는 암모니아가 염기로 작용하는 이유는?

3 배위 화합물들이 다양한 색깔을 띠는 이유는?

4 $Cr(acac)_3$가 물에 잘 녹지 않는 이유는?

실험 8

용해도곱 결정

이론

1. 화학 평형

반응물과 생성물의 농도가 시간에 따라 변하지 않는 상태를 화학 평형 상태라고 한다. 화학 평형 상태에서는 반응물이 생성물로, 또 생성물이 반응물로 변화하는 화학 반응이 끊임없이 일어나지만, 정반응과 역반응의 속도가 같아 반응물과 생성물의 농도가 시간에 따라 달라지지 않는다.

1) 평형 상수

화학 평형 상태는 주어진 조건(온도, 압력)하에서 하나의 고유한 숫자로 나타낼 수 있는데 이를 평형 상수(equilibrium constant)라고 한다. 평형 상수 식은 1864년 노르웨이 화학자 굴베르그(Guldberg)와 보거(Waage)에 의해 수식화되었다. 균형 반응식이 $a\mathrm{A} + b\mathrm{B} \rightleftarrows c\mathrm{C} + d\mathrm{D}$ 인 화학 반응의 평형 상수 K는 $[\mathrm{C}]^c[\mathrm{D}]^d/[\mathrm{A}]^a[\mathrm{B}]^b$와 같이 쓸 수 있다. 여기서 대괄호는 각 화학종의 활동도(activity)이다.

2) 용해도

용해도는 용질이 용매에 녹아 용액을 형성할 때 용질의 특성을 나타내는 것이다. 즉, 어떤 물질의 용매에 대한 용해도(solubility)는 이 물질이 주어진 온도에서 주어진 부피의 용매에 대해 용해되어 평형을 이루는 최대량(g이나 mol로 표시)으로 정의된다. 특정 용질의 용해도는 용질의 물리적 화학적 특성과 온도, 압력 등에 의존한다. 기체, 액체, 고체상의 모든 물질이 용질과 용매로 사용될 수 있으므로 만들어질 수 있는 용액은 매우 다양하지만, 기체에 녹아 있는 용액은 매우 드물다. 용해도는 포화 상태에 있는 용액에 녹아 있는 용질의 양으로 구할 수 있다. 일정한 양의 용매에 용해되는 용질의 양에 따라 용해도를 구분할 수 있다.

물에 대한 이온 결합 화합물의 용해도

- ▶ **가용성(soluble)**: 25 ℃의 용해도가 10 g/L 이상인 것
- ▶ **난용성(slightly soluble)**: 25 ℃의 용해도가 중간 정도(0.1~10 g/L)인 것
- ▶ **불용성(insoluble)**: 25 ℃의 용해도가 0.1 g/L 이하인 것

3) 용해도곱

용해도곱(solubility product)은 고체 염이 용액 내에서 용해되어 각각의 이온 성분으로 나누어지는 반응에 대한 평형 상수이다. K_{sp}로 표시하며 아래 첨자 '*sp*'는 용해도곱의 약자이다. 용해도곱 상수(solubility product constant)라고도 불린다. 가용성 염(CsCl 등)의 경우 그 포화 수용액은 이온 농도가 매우 높아서, 용액 속의 이온 간에 많은 결합이 존재하게 된다. 하전된 이온들의 일시적인 이온 쌍이나 덩어리가 생성되기도 하는 등 비이상적 용액처럼 행동한다. 이러한 경우에는 평형식을 적용할 수 없다. 따라서 K_{sp}는 물에서 불용성이거나 난용성인 이온성 고체의 용해에 관한 평형 상수를 나타낸다.

4) 용해도곱을 나타내는 화학 반응식

이온성 고체 염화 은(AgCl)이 물에서 용해될 때 화학 평형식은 다음과 같다.

$$AgCl(s) \rightleftarrows Ag^{+}(aq) + Cl^{-}(aq)$$

물에 녹은 소량의 AgCl 염이 모두 은 이온(Ag^{+})과 염화 이온(Cl^{-})으로 완전히 해리한다고 가정하면, 염의 용해에 대한 평형 상수 즉 용해도곱 상수(K_{sp})는 다음과 같이 쓸 수 있다.

$$K_{sp} = [Ag^{+}(aq)][Cl^{-}(aq)]$$

일반적으로 용해도곱이 작으면 용해도가 낮다. 이는 이온성 고체가 같은 갯수의 이온을 형성할 경우 일반화될 수 있고 만약, 다른 개수의 이온을 형성할 경우에는 계산으로 용해도를 비교해야 한다.

기구 및 시약

기구

삼각 플라스크(125, 250 mL), 비커(100 mL, 5개), 눈금 실린더, 이동 피펫, 깔때기, 유리 막대

시약

페놀프탈레인 지시약, 0.5 M NaOH, 0.10 M HCl, $Ca(OH)_2$

실험 방법

주의사항

- 초자의 세척 상태에 따라 실험결과 값이 차이가 크기 때문에 반드시 비커, 깔대기, 유리막대, 뷰렛은 세척 후 말려서 사용한다.
- 이동 피펫 및 눈금 실린더 사용 시 메니스커스를 잘 맞추도록 한다.
- 0.50 M NaOH는 100 mL 비커에 덜어서 사용한다. 피펫을 시약병에 넣어 오염되는 일이 없도록 한다.
- 1개의 토론조(2개의 실험조)는 4개의 용액을 준비하고 각자 용액 1개를 맡아서 적정한다.

각 농도의 NaOH 용액 제조 방법

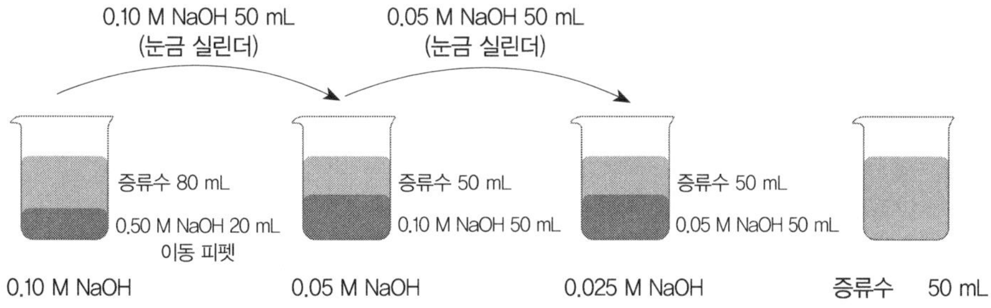

※ 각 농도의 NaOH 용액 제조
그림에 표기된 유리 초자를 사용하여 0.10 M → 0.050 M → 0.025 M NaOH를 순차적으로 제조한다.

용해도곱 상수의 결정 실험 과정

① 100 mL 비커 5개, 눈금 실린더, 유리막대, 깔때기를 준비한다.

② 100 mL 비커에 0.50 M NaOH를 20~30 mL 덜어간다.

③ 10 mL 이동 피펫(눈금피펫 사용 금지)을 사용하여 100 mL 비커에 0.50 M NaOH를 20 mL 옮긴다.

④ NaOH 용액 제조 방법을 참고하여 0.50 M NaOH 20 mL을 희석하여 총 네 가지 농도의 용액(하나는 증류수)을 제조한다.

⑤ 각각의 비커에 시약 스푼으로 0.3 g의 $Ca(OH)_2$를 넣고 유리막대로 1분 이상 잘 저어 평형에 도달하도록 한다. 용액이 뿌옇게 변했다면 평형에 도달한 것으로 섞는 것을 멈춘다.

※ 사용한 유리 막대는 깨끗하게 씻어서 물기를 제거한 후 사용한다.

⑥ 여과지(quantitative filter paper)를 깔때기 모양으로 접은 후, 포화 상태가 된 각 비커의 수용액을 깔때기와 정량 필터(quantitative filter paper)로 중력 여과하고 여과액을 따로 보관한다. 여과 시 여과액이 비커 벽면을 타고 흐르도록 주의하고, 만약 여과된 용액이 불투명하다면 다시 여과한다.

⑦ 여과된 각각의 용액 25 mL를 이동 피펫을 이용하여 코니컬 비커에 옮긴 후, 페놀프탈레인 지시약 2~3 방울 넣는다.

⑧ 각 실험조는 후드에 준비된 0.10 M HCl 표준 용액을 100 mL 비커에 덜어 50

mL 뷰렛에 채운 후 코니컬 비커를 흔들어 주면서 HCl 용액을 한 방울씩 떨어뜨리면서 적정한다. 토론조 4명은 각각 용액 1개씩을 맡아 0.10 M HCl로 적정한다.

※ 뷰렛에 0.1 M HCl 표준 용액을 옮긴 뒤 밑에 공기 방울이 생기지 않도록 HCl 용액을 일부 버려준 뒤 50 mL를 채우도록 한다.

⑨ 적정 후 결과를 정리하고 계산기를 이용하여 log[OH^-] 대 log[Ca^{2+}]의 직선 방정식을 세운다. 최소제곱법을 이용하여 K_{sp} 값을 계산한다.

실험 결과

실험 결과에 따라 표를 작성하고, ①~④의 계산 식을 표 아래에 작성하라.

NaOH의 농도	증류수	0.025 M	0.05 M	0.10 M
적정에 사용된 0.10 M HCl의 부피(mL)				
① $[OH^-]$ (M)				
② $[Ca^{2+}]$ (M)				
③ $Ca(OH)_2$의 용해도(g/L)				
④ K_{sp}				
$\log[OH^-]$				
$\log[Ca^{2+}]$				

질문

1 수산화 칼슘($Ca(OH)_2$)이 용해될 때의 반응식과 용해도곱 반응식을 써라.

a. 반응식 :

b. 용해도곱 :

2 실험 결과를 계산기를 이용하여, $\log[OH^-]$를 x축, $\log[Ca^{2+}]$를 y축으로 하는 그래프를 그리고, 그 방정식을 써라.

3 실험 결과를 통하여 $[OH^-]$ 증가에 따른 $Ca(OH)_2$ 용해되는 정도를 예측하고 그 이유를 작성하라.

2학기

실험

실험 9 추출 및 재결정에 의한 분리(실험 A)

실험 10 추출 및 재결정에 의한 분리(실험 B)

실험 11 천연물 카페인 추출

실험 12 의약품 합성: 아스피린

실험 13 의약품 아스피린 순도 측정

실험 14 엔탈피 측정

실험 15 완충 용액

실험 16 화학 전지

실험 17 구리(Cu)의 화학 반응

실험 9

추출 및 재결정에 의한 분리 (실험 A)

이론(실험 A, 실험 B)

1. 추출

혼합물로부터 한 성분을 선택적인 용해도에 의하여 생긴 분배를 이용하여 분리하는 방법을 추출(extraction)이라고 하며, 유기 화학에서 반응을 중단한(quenching) 후 반응 마무리(work–up) 과정 중에 유기 화합물을 분리하기 위한 대표적인 과정이다. 보통 물 층에 섞여 있는 유기 화합물이 유기 용매에 잘 녹는 성질을 이용하여 유기 용매층으로 유기 화합물을 끌어내는 과정을 일컫는다.

혼합물에서 유기 화합물을 분리하는 방법 중 가장 많은 것이 액체에서 액체를 추출하는 것이다. 추출은 두 섞이지 않은 용매 사이의 용질의 분배를 이용한 것이다. 용질의 분배(distribution)는 정량적으로 분배 계수(distribution coefficient, K)로 표시하는데, 이는 용질 A가 섞이지 않는 두 용매 S와 S'의 혼합물과 접촉하여 일정한 온도에서 평형에 도달했을 때 두 용매에 포함된 용질 A의 농도의 비율을 나타낸 것이다.

2. 분배 계수

용액(용매1 + 용질)에 섞이지 않는 다른 용매2를 이용하여 추출할 때, 용질은 각각의 용매에 대한 용해도 차이에 따라 두 용매에 일정하게 분산되게 된다. 이때 평형을 이룬 두 용매에서 용질의 농도의 비율은 일정하게 유지되는데, 이때의 농도 비율을 분배 계수라고 한다.

$$K = C_2/C_1 \text{ 또는 } K = \frac{\text{용매 } S \text{ 속에 있는 용질}A\text{의 농도}}{\text{용매 } S' \text{ 속에 있는 용질}A\text{의 농도}}$$

예를 들어, $K(C_2/C_1)$는 10이고, 10 mL의 용매1에 용질이 110 mg 녹아 있을 때, 매번 10 mL의 용매2를 이용하여 추출할 경우,

첫 번째 추출 후: 용매2에 100 mg, 용매1에 10 mg

두 번째 추출 후: 용매2에 9 mg, 용매1에 1 mg

으로 분배되어, 두 번 추출 후 용매2에 총 109 mg, 용매1에 1 mg 분포하게 된다.

반면에, 20 mL의 용매2를 이용하여 한 번 추출할 경우 (110 − x) mg 만큼 용매2로 추출된다고 가정하면,

$$K = C_2/C_1 = 10 = [(110 - x)/20\ mL]/[x/10\ mL]$$

가 되고, x에 대해서 풀면 x = 5.23 mg, 즉 5.23 mg이 용매1에 남게 된다.

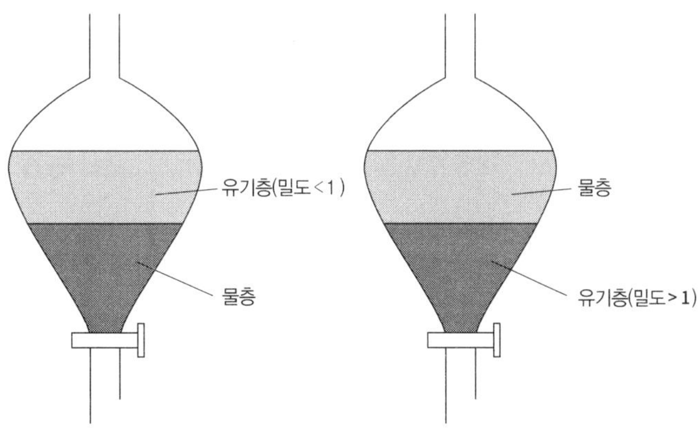

3. 추출 방법

1) 액체–액체 추출

액체–액체 추출에서는 일반적으로 다음의 과정을 따른다.

① 물로 반응을 중단한 반응 혼합물을 분별 깔때기에 넣는다(반응 용매로 메탄올이나 에탄올 등 물과 잘 섞이는 용매를 사용한 경우에는 용매를 어느 정도 제

거해주는 것이 좋다).

② 원하는 유기 용매를 분별 깔때기에 넣은 후 뚜껑을 닫고 세차게 두세 번 흔들어 주며 발생하는 가스를 콕을 이용하여 제거해준다.

③ 뚜껑을 제거한 분별 깔때기를 깔때기 홀더에 놓고 층이 분리되기를 기다린다(층이 잘 분리되지 않을 경우에는 반응 혼합물을 거름종이에 여과를 하면 층분리에 도움이 된다).

④ 물보다 무거운 유기 용매를 사용한 경우에는 콕을 이용하여 아래층의 유기 용매를 삼각 플라스크에 모은다.

⑤ 물보다 가벼운 유기 용매인 경우에는 물층을 받아 내고, 그다음 위층의 유기 용매를 삼각 플라스크에 모은다.

⑥ 이러한 과정을 보통 두세 번 반복한다(한 번에 90%의 유기물이 추출된다고 가정하면, 두 번 반복할 경우 99%, 세 번 반복할경우 99.9%가 추출될 것이다. 따라서, 추출을 효율적으로 하기 위해서는 용매의 부피를 많이 이용하는 것보다 횟수를 늘리는 것이 좋다).

⑦ 모아 놓은 유기 용매 중의 물 제거를 위해 우선 포화된 염화 소듐 수용액으로 씻어 준다.

⑧ 그 다음 무수 황산 마그네슘(magnesium sulfate)이나 무수 황산 소듐(sodium sulfate) 등의 건조제를 이용하여 유기 용매에 잔존하는 물을 제거한다(산성 조건에서 불안정한 화합물의 경우에는 황산 소듐을 사용한다).

⑨ 건조제 제거를 위해 여과해준다.

2) 산–염기 추출

산 또는 염기 화합물의 분리를 위해 사용하는 액체–액체 추출법을 산–염기 추출(acid–base extraction)이라고 한다. 알칼로이드와 같은 천연물의 분리 시 사용되나, 유사한 산이나 염기를 분리할 수는 없다.

예를 들어, 중성 유기 화합물인 아세트아닐라이드와 벤조산의 혼합물이 유기용매에 녹아 있을 때, 염기인 수산화 소듐(sodium hydroxide) 수용액으로 추출하면 벤조산은 벤조산 소듐(sodium benzoate) 염이 되어 물에 녹고 아세트아닐라이드는 유기용매에 녹아 있을 것이다. 이 물층에 다시 강산인 염산을 가해주고 유기용매로 추출하면 벤조산을 분리할 수 있다.

4. 재결정

재결정은 대부분의 고체가 차가운 용매에서보다 뜨거운 용매에서 잘 녹는점과 각각의 물질이 다양한 용매에 따라서 그 녹는 정도의 차이가 있다는 성질을 이용한다. 그러므로, 고체 물질의 용해도 차이가 뜨거운 용매와 차가운 용매 사이에서 큰 차이가 날수록 재결정하기가 쉽다. 용매에 고체를 넣고 가열하면 그 결과는 다음과 같다.

$$\text{Solid} \quad + \quad \text{Solvent} \quad \underset{-\text{ Heat}}{\overset{+\text{ Heat}}{\rightleftharpoons}} \quad \text{Solution}$$

이때 결정이 천천히 생성되고 오로지 생성물만이 생성되는 것을 결정화라고 한다. 위의 식과 같은 평형 상태에서 급격히 냉각하면 불순물까지 고체로 형성되게 된다. 또한 급격한 냉각은 결정을 작게 형성하여 생성물의 정제를 어렵게 하기도 한다. 또 너무 느리게 냉각하면 생성물 주위에 불순물이 붙기도 한다. 일반적으로 재결정은 10분 이상 24시간 이하를 유지하며 불순물 제거는 불순물의 양이 상대적으로 소량이거나 용해도의 차이가 커야만 가능하다.

때로는 재결정 과정을 여러 번 해야만 순수한 물질을 얻게 되기도 한다. 예를 들어 10 g의 A 물질과 5 g의 B 물질이 섞여 있을 때 이를 특정 용매로 80℃ 가열한 뒤 30℃로 냉각했을 때 5 g의 A와 1.5 g의 B가 석출됐다면 이 물질은 아직 불순하다. 만약 다시 한번 용매의 양을 반으로 하여 가열 후 냉각하면 2.5 g의 A만이 석출된다. 이것은 처음 재결정 시에 A는 5/10가 석출되고 B는 3/10이 석출되었던 것에 기인한다. 만일 과량의 용매를 사용하면 재결정은 잘 되지 않을 것이다.

그럼 각 물질의 용해도는 어떻게 알 수 있을까? 대부분의 유기물질의 용해도는 그 극성과 용질의 크기와 용매 분자에 따라 다르다. 우리는 우선 'like dissolves like' 라는 성질을 이용할 수 있다. 이것은 극성 물질은 극성 용매에 잘 녹고 비극성 물질은 비극성 용매에 잘 녹는다는 것을 의미한다.

재결정 용매는 실온에서 그 용해도 차가 최소여야 한다. 만일 하나의 용매로 재결정이 되지 않으면 용매를 섞어서 사용할 수도 있다.

1) 일반적 실험 방법

(1) 용매 선택

알려진 물질의 재결정 시에는 논문이나 실험책 등을 찾아서 적당한 용매를 결정해야 한다. 그러나 가지고 있는 불순물의 종류나 그 양 때문에 문헌과 다를 수도 있고 만일 알려지지 않은 물질인 경우에는 적당한 용매를 찾기 위해 많은 시도와 착오를 경험해야 할 것이다.

용매 선택 시의 주의사항은 다음과 같다.

① 용매의 끓는점은 130℃ 이하인 것이어야 한다.

② 재결정할 물질의 녹는점이 용매의 끓는점보다 낮아야 한다.

③ 가능하면 인화점이 낮아야 한다.

④ 재결정할 물질과 반응을 하지 않아야 한다.

재결정하기 전에 용매 선택을 위해 소량의 생성물을 작은 튜브에 넣고 재결정하려는 용매를 넣은 뒤에 흔들어 본다. 이때 녹으면 다른 용매를 찾고 녹지 않으면 끓는점까지 가열해 본다. 가열 후 녹으면 이것을 차가운 물이 들어있는 비커에 넣어서 침전 생성 여부를 확인한다. 이 과정이 무난히 진행되면 올바른 용매를 선택한 것이다. 그렇지 않다면 이런 과정을 반복해야 한다. 만일 소량의 용매에 녹는다면 너무 많은 생성물이 용매에 남으므로 좋지 않고 너무 과량의 뜨거운 용매가 필요해도 좋지 않다. 재결정 시 용매 선택의 실수는 다음과 같은 경우 나타날 수 있다.

① 재결정이 너무 느릴 때.

② 과량의 용매를 사용할 때 결정 형성이 어렵다.

③ 뜨거운 용매를 갑자기 과량을 가할 때.

④ 과량의 불순물이 존재하거나 불순물이 가열 후 냉각 시 용해도가 클 때.

(2) 탈색

만일 생성물이나 용액이 색을 띠고 있다면 불순물을 포함한 생성물을 녹인 후에 끓는점 이하로 몇 도 내려가길 기다리고 거기에 숯(charcoal)을 무게비로 생성물의 약 1%를 넣고 몇 분간 교반한다. 그 후 이것을 hot filter한다. 숯을 넣기 전에 용액의 온도가 끓는점보다 몇 도 아래로 내려가야 한다는 것에 주의하라. 그렇지 않으면 격렬히 끓을 수도 있다.

(3) Hot filtration

생성물을 녹인 뒤 녹지 않은 불순물이나 먼지, 숯 등이 남을 수 있기에 여과해 주어야 하는데 이때는 감압 여과보다 중력 여과가 좋다. 감압 시에 뜨거운 용매가 증기로 딸려나갈 수 있기 때문이다. 우선 거름종이를 깔때기에 접어서 넣고 소량의 용매로 적신다. 그리고 소량의 용매를 플라스크 안에 넣어 둔다. 플라스크를 가열하면서 뜨거운 용액을 여과한다.

5. 용해도와 용해도 곡선

용해도란 주어진 일정량의 용매에 용질이 포화될 때까지 녹아 들어간 용질의 양을 가리키며, 용질이 고체일 때 용매 100 g을 포화 용액으로 만들기 위해 필요한 용질의 양으로 정의한다. 고체의 용해도는 일반적으로 압력의 영향은 거의 받지 않지만, 온도에는 영향을 많이 받다. 일반적으로 온도가 높아질수록 용해도가 증가하는 경향을 보인다. 이유는 대부분의 용해 과정이 흡열 과정이기 때문에 르샤틀리에 원리에 따라 온도가 증가하면 평형이 용해된 상태로 더 이동하기 때문이다.

예를 들어, 염화 소듐(NaCl)의 경우 40 ℃에서 36.3이란 값을 갖는데 이는 40 ℃ 증류수 100 g을 염화 소듐 포화 수용액으로 만들기 위해 36.3 g의 NaCl이 필요하다는 것을 나타낸다. 수산화 칼슘($Ca(OH)_2$)의 경우 온도가 증가할수록 용해도가 감소하는 것을 확인할 수 있는데, 이는 곧 수산화 칼슘의 용해 과정이 발열 과정임을 짐작할 수 있다.

유기화합물도 각종의 용매에 의한 용해도가 다르므로 재결정에 합당한 용매 또는 혼합 용매의 선택이 필요하다.

용해도 곡선(solubility curve)은 주어진 용매, 용질에 대해 온도에 따라 해당 용질의 용해도를 나타낸 그래프를 가리킨다. 다음 그림처럼 특정 온도에서 용해도 곡선

위의 용질이 녹아있는 용액을 과포화 용액, 용해된 용질의 양이 용해도 곡선 아래에 있는 것을 불포화 용액이라 한다. 용해도 곡선을 이용하면 온도 변화에 따라 용질의 석출량을 예측할 수 있다.

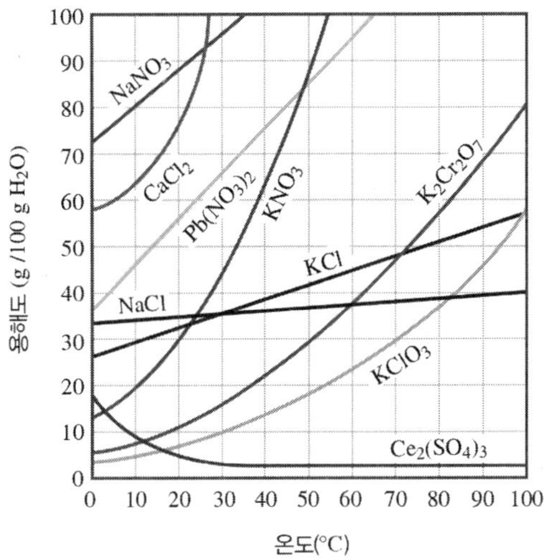

기구 및 시약

기구

비커, 뷰흐너 깔때기(Bucher funnel), 거름종이(filter paper), m.p. tube, 감압 플라스크(suction flask), 시계접시

시약

아세트아닐라이드(acetanilide) : 벤조산(benzoic acid) 혼합물(약 1:1 ~ 3:2), 수산화 소듐(NaOH)

실험 방법

주의사항

– 재결정에 사용되는 용매의 위험성을 항상 주의한다.

– 가열은 조교의 지시에 따라서 지정 장소와 시간에만 진행한다.

실험 A: 아세트아닐라이드의 분리

① 벤조산(benzoic acid) 1 g과 아세트아닐라이드(acetanilide) 1 g 혼합물을 100 mL 비커에 넣는다.

② 비커 혼합물에 30 mL 증류수를 넣는다.

③ 벤조산(benzoic acid)을 중화시키기 위해 전 시험에서 측정된 벤조산(benzoic acid)양의 1.5 mol배의 NaOH(mw = 40.0 g/mol) 양을 계산하여 넣어 준다.

*필요한 NaOH의 양

$$\frac{1\ \text{g (사용한 벤조산의 양)}}{122.12\ \text{g/mol(벤조산 몰질량)}} \times 1.5 = \frac{x\ \text{g (필요한 NaOH의 양)}}{40.0\ \text{g/mol (NaOH 몰질량)}},$$

$x = 0.49$ g

④ 자석 젓개를 이용해 혼합한다.

⑤ pH paper를 이용해 짙은 남색(염기성)임을 확인한다. pH가 염기성이 아니라면 NaOH를 조금 더 넣어준다.

⑥ 혼합 용액이 담긴 비커에 자석 젓개를 넣고, 시계접시를 덮은 후 혼합 용액을 교반하며 hot plate를 이용해 10분 정도 끓인다. 녹지 않는 고체 시료가 있다면 NaOH를 몇 알 더 넣어준다. 비커가 뜨겁기 때문에 충분히 식혀준 후 ice bath로 옮긴다.

⑦ 비커를 시계접시로 덮어 ice bath에서 10분 정도 식히며 생성물을 재결정시킨다.

⑧ 거름종이의 무게를 측정한다.

⑨ 재결정된 생성물을 감압 여과기를 이용해 거른다. 이때 거름종이를 뷰흐너 깔때기의 입구에 맞춰 잘라서 사용하는 것이 좋다. 증류수로 거름종이를 충분히 적셔준 후 감압여과를 진행한다.

⑩ 거른 용액은 다음 실험을 위하여 보관한다.

⑪ 거름종이에 걸러진 생성물을 차가운 증류수로 2~3회 가볍게 씻어준다.

⑫ 생성물을 60℃ 오븐에서 10분 건조 후 무게를 측정한다.

실험 결과

실험 A에서 사용한 아세트아닐라이드의 무게	
실험 A에서 얻은 거름종이 + 아세트아닐라이드의 무게	
실험 A에서 사용한 거름종이의 무게	
실험 A에서 얻은 아세트아닐라이드의 무게	
실험 A에서 얻은 아세트아닐라이드의 수득률	
분리와 재결정에 사용한 벤조산의 무게	
벤조산을 중화시키는데 필요한 NaOH의 무게	

질문

1 혼합물을 분리하는 대표적인 방법으로 재결정, 추출, 크로마토그래피, 증류가 있다. 각각의 차이점과 장점을 비교하라.

2 온도에 따른 용해도의 차이를 이용한 재결정 방법과 pH에 따른 용해도의 차이를 이용한 재결정 방법을 설명하라.

실험 10 추출 및 재결정에 의한 분리 (실험 B)

이론

실험 9 이론 참조

기구 및 시약

기구

비커, 뷰흐너 깔때기(Bucher funnel), 거름종이(filter paper), m.p. tube, 감압 플라스크(suction flask

시약

아세트아닐라이드(acetanilide) : 벤조산(benzoic acid) 혼합물(실험 9에서 사용한 혼합물을 사용, 약 1:1 ~ 3:2), 5 M HCl 수용액

실험 방법

주의사항

- 재결정에 사용되는 용매의 위험성을 항상 주의한다.
- 가열은 조교의 지시에 따라서 지정 장소와 시간에만 진행한다.

실험 B: 벤조산의 분리와 재결정

① 실험 A에서 얻은 거른 용액에 5 M HCl 수용액 약 3~4 mL를 첨가한다.

② pH paper를 이용해 빨간색(산성)임을 확인한다.

③ 용액이 담긴 비커를 시계접시로 덮어준 후, hot plate로 10분 정도 끓인다.

④ 비커를 시계접시로 덮어 ice bath에서 10분 정도 식혀 재결정시킨다.

⑤ 거름종이의 무게를 측정한다.

⑥ 재결정된 생성물을 감압 여과기를 이용해 거른다.

⑦ 거름종이에 걸러진 생성물을 차가운 증류수로 2~3회 가볍게 씻어준다.

⑧ 생성물을 60℃ 오븐에서 10분 건조 후 무게를 측정한다.

⑨ 실험 9 및 실험 10에서 얻어진 아세트아닐라이드(acetanilide)와 벤조산(benzoic acid)의 m.p.를 측정한다.

실험 결과

실험 결과를 아래의 표에 실험 결과를 단위 포함하여 작성하라.

분리와 재결정에 사용한 벤조산의 무게	
벤조산을 중화시키는데 필요한 NaOH의 무게	
실험 B에 첨가한 HCl 수용액의 부피	
실험 B에서 얻은 거름종이 + 벤조산의 무게	
실험 B에서 사용한 거름종이의 무게	
실험 B에서 얻은 벤조산의 무게	
실험 B에서 얻은 벤조산의 수득률	

재결정한 아세트아닐라이드 m.p.	
재결정한 벤조산 m.p.	

질문

실험 전체에 관련된 실험 과정에 합당한 화합물 구조를 그려라.

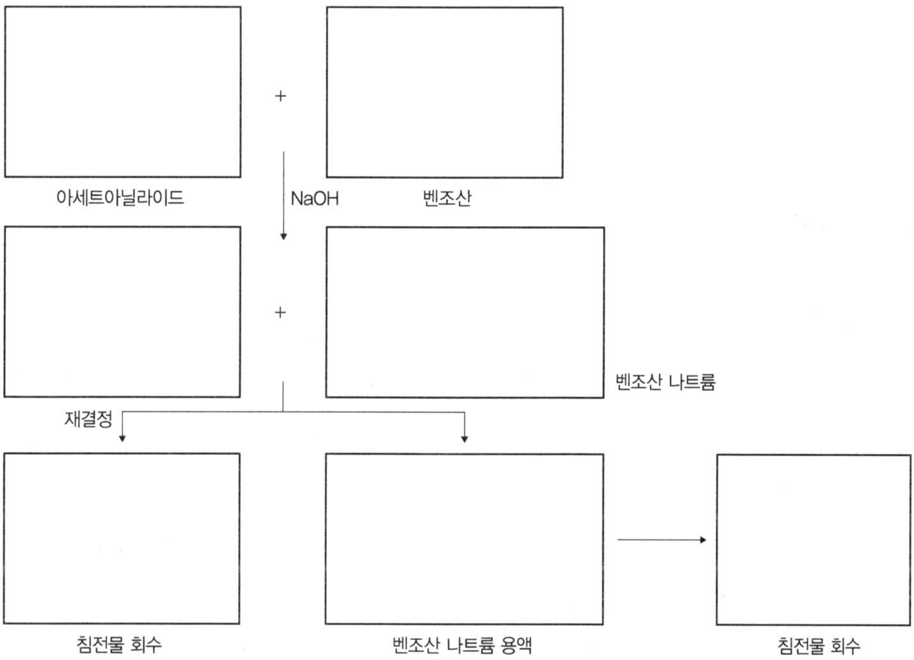

실험 11

천연물 카페인 추출

이론

1. 천연물

천연물(天然物, natural product)은 살아 있는 유기체인 생물(동물, 식물, 미생물)에 의해 생성되는, 즉 자연계에서 발견되는 화합물 또는 대사산물의 총칭이다. 식물성 화학 물질인 파이토케미컬도 천연물의 일종이다.

유기화학 분야에서 천연물의 정의는 대개 일차 대사(primary metabolite) 또는 이차 대사(secondary metabolite)를 통해 생성된 천연 원료로부터 분리된 정제 유기화합물로 제한하고 있으며, 의화학 분야의 정의는 종종 2차 대사산물에만 국한되어 있다.

2. 추출에 의한 천연물 분리

식물에 포함되어 있는 천연물 성분을 순수하게 얻으려면 원칙적으로 바로 채집하여 재료로 사용하는 것이 좋다. 일반적으로 성분을 추출하기 전에 식물을 건조시키는 경우가 많으며, 건조 중에 식물조직 내 성분이 변화를 받지 않도록 주의를 해야 한다. 식물재료는 가능한 빨리 저온에서나 통풍이 잘 되는 곳에서 건조시키는 것이 좋다. 일단 건조된 식물재료는 장기간 보존하여도 성분 연구에는 지장이 많지 않다. 건조된 식물재료를 추출할 때는 적당한 크기로 절단한 다음(분말이 가능하면 분말이 유리), 극성이 낮은 용매부터 순차적으로 추출한다. 일반적으로 헥세인(hexane)류, EtOAc, Et_2O, $CHCl_3$, MeOH 또는 EtOH, H_2O의 순으로 추출한다. 그러면 식물재료에 들어 있는 유기화합물 중에서 비극성 물질로부터 차차 극성이 큰 작용기(예를 들면 CO기, OH기, COOH기)를 가진 물질 순으로 추출된다.

3. 카페인

카페인(caffeine, $C_8H_{10}N_4O_2$)은 꼭두서니과(Rubiaceae) 커피(coffee)속 식물의 주요 2차 대사산물로 퓨린(purine) 알칼로이드(alkaloid) 계열의 물질이다.

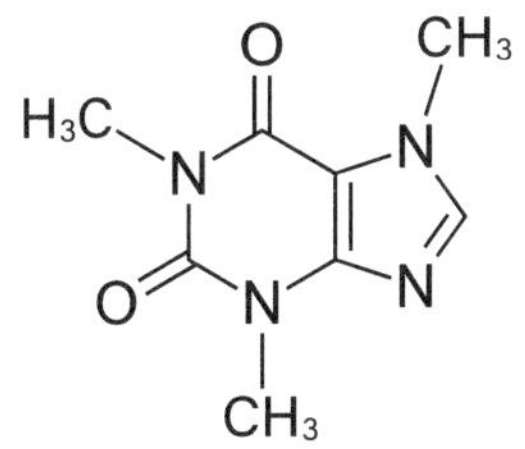

카페인의 구조

카페인의 어원은 '커피'의 'coffe-'에 알칼로이드 물질의 작용기인 아민(amine)의 '-ine'가 붙은 것이다. 대략 커피 한잔(약 200밀리리터 기준)에는 카페인이 약 50~150밀리그램 정도 들어 있다. 카페인은 혈뇌장벽도 통과하기 때문에 뇌에도 직접 작용하며 졸음을 일으키는 아데노신 수용체의 작용을 방해하여 도파민의 분비를 좀 더 수월하게 만들어줌으로써 뇌의 각성을 유지시킨다. 즉, 일종의 중추신경 자극제다. 카페인은 두통약의 효과를 증진시키는 작용도 한다. 그래서 많은 두통약에는 카페인이 소량 포함되어 있다. 그러므로 카페인에 예민한 사람은 카페인이 들어 있지 않은 두통약을 찾는 것이 좋다. 카페인은 인간에게 특별한 알레르기 반응을 나타내지는 않는다. 그러나 많은 양의 카페인은 오히려 두통을 유발할 수 있다고 한다.

기구 및 시약

기구

100 mL 비커(또는 삼각 플라스크), 분별 깔때기, 마개, 10 mL 눈금 실린더, 시계접시, 모세관, 파스퇴르 피펫(스포이드), TLC, 스탠드, O 클램프, 핀셋, UV 램프

시약

에틸 아세테이트(ethyl acetate) : 아세트산(acetic acid) 전개액(95 : 5), MC(Methylene Chloride), $CaCO_3$, $MgSO_4$, 카페인 표준 용액, 증류수

기타: 연필, 자(학생 개인이 준비)

실험 방법

주의사항

- 모세관 세척 방법을 듣고 모세관이 부러지지 않도록 조심한다.
- 분별 깔때기를 사용하기 전에 밸브를 잠근 후 증류수를 소량 넣고 마개를 꽉닫고 눕힌 상태로 흔들어 마개가 새는지 확인한다.
- 분별 깔때기에서 내부 가스를 배출할 때 사람을 향하지 않도록 주의한다.
- TLC에 시약을 찍을 때 번지지 않도록 짧게 여러 번 찍는다.
- 전개 시 전개액이 TLC에서 끝까지 전개되지 않도록 주의한다.
- 전개액에 선이 잠기지 않도록 양을 조절한다.

1. 카페인 여과

① 따뜻한 물 60 mL에 티백 2개와 $CaCO_3$ 0.4 g을 넣고 약 5분간 우려낸 후, 유리막대를 이용해 티백을 짜준다.

② ①에서 우려낸 티백을 다시 새로운 따뜻한 물 30 mL를 넣고 우려낸다.

③ ①, ②를 함께 감압 여과기를 이용하여 카페인이 함유된 수용액을 여과한다.

2. TLC 준비

① 티백을 우려내는 동안 TLC를 준비한다.

② 가위로(실험 테이블에 칼 사용 금지) TLC를 가로 2.5 cm, 세로 5 cm 크기로

잘라서 준비한다.

③ 연필로 아래, 위 0.5 cm 선을 긋고, 적당한 간격으로 R, A, B, C, D, E라고 표시한다.

④ 카페인 표준 용액을 reference로 준비하여 R에 찍는다.

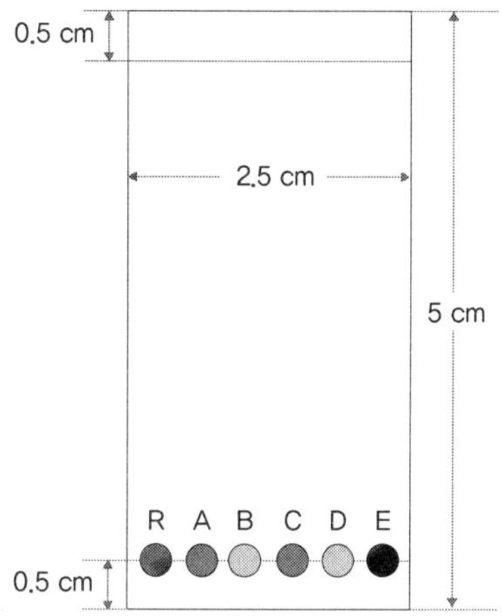

R. 카페인 표준 용액
A. 여과된 카페인 수용액
B. 1차 추출 MC 층
C. 1차 추출 수용액
D. 2차 추출 MC 층
E. 2차 추출 수용액 층

3. 추출

추출 전 고려할 사항

물과 메틸렌 클로라이드(methylene chloride, MC)를 분별 깔때기에 넣고 섞어주었을 때 아래층 위층에 어떤 물질이 있을지 고려한다.

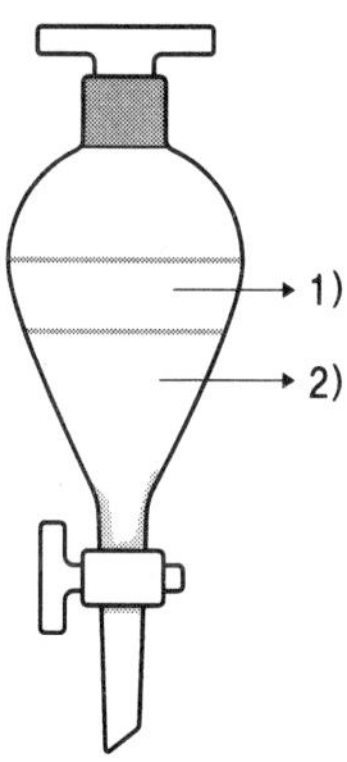

가. 1차 추출

① 여과된 카페인 수용액을 모세관으로 TLC의 스팟 A에 찍고 10 mL를 분별 깔때

기에 넣는다.

② 분별 깔때기에 MC 20 mL를 넣은 뒤 마개를 꽉 닫는다.

③ 밸브 쪽이 비스듬히 위로 향하게 눕힌 상태로 가스를 빼준다. 그리고 밸브를 다시 잠근 후 2~3번 흔들어 밸브를 열고 내부 가스를 배출시킨다.

④ 이 과정을 2번 반복한다.

⑤ 분별 깔때기를 O 클램프에 고정한 뒤 분별 깔때기의 마개를 제거하고, 내부 용액의 에멀션이 대략 제거되어 층 분리가 일어나면, 밸브를 열어 아래의 MC 층을 '유기층 1차 추출'이라고 적은 빈 비커에 받아 낸다.

⑥ 모세관을 이용해 스팟 B에 찍는다.

⑦ 1차 추출 후 수용액 층(분별 깔때기에 남아있는 용액)을 모세관으로 취하여 TLC의 스팟 C에 찍는다. (실험 시간이 허용되면 2차 추출을 시도해 본다.)

나. 2차 추출

① 새로운 MC 30 mL를 분별 깔때기에 남아 있는 수용액 층에 넣고 추출을 반복한다.

② 동일한 과정으로 '유기층 2차 추출'이라고 적은 빈 비커에 MC 층을 받아 내고 모세관을 이용해 스팟 D에 찍는다.

③ 모세관을 아세톤으로 2번 세척한다.

④ 2차 추출 후 남아 있는 수용액 층을 모세관으로 취하여 TLC의 스팟 E에 찍는다.

4. TLC 전개하기

① 새로운 비커에 전개액을 피펫으로 넣는다.

② 준비된 TLC를 집게로 전개액에 선이 잠기지 않도록 세워 넣은 뒤 시계접시로 덮고 전개액이 선까지 도달할 때까지 기다린다.

③ 전개한 TLC를 말린 다음 UV 램프로 관찰하고 연필로 위치를 표기한다.

④ 각 spot의 위치, 크기, 진함을 비교한다.

실험 결과

1. 전개한 TLC 사진을 붙이거나 그림을 그려라.

2. TLC에 나타난 결과를 통해 각각의 R_f 값을 구하라.

	R	A	B	C	D	E
이동상의 전개 거리						
시료의 이동 거리						
R_f (계산 과정 포함)						

질문

1 다음 물질의 밀도를 작성하라.

	벤젠 (Benzene)	헥세인 (Hexane)	물 (water)	메틸렌 클로라이드 (Methylene chloride)	클로로폼 (chloroform)
밀도 (g/cm^3)					

2 이 실험에서 TLC를 통하여 우리가 확인할 수 있는 내용은 무엇인가?

3 TLC에 나온 피크의 진한 순서대로 나열하고, 그 이유를 설명하라.

실험 12

의약품 합성: 아스피린

이론

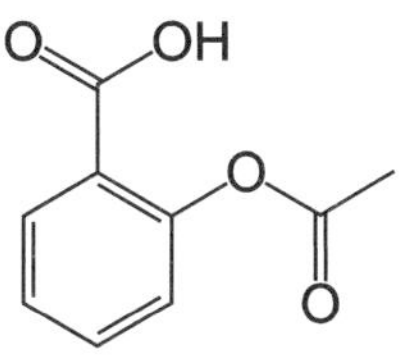

아스피린의 구조

전구약물(prodrug)인 아스피린(aspirin)의 주성분은 아세틸살리실산(acetylsalicylic acid)이며, 살리실산(salicyclic acid)의 2번 위치에 있는 하이드록시가 아세톡시(acetoxy; $OCOCH_3$)로 치환된 화합물이다. 전세계에서 가장 많이 사용되는 약물 중 하나이며 진통제, 해열제, 항염증제, 항응고제로 사용되는 바이엘(Bayer)사의 상품명이다.

일반적으로 아스피린은 약물 이름으로도 사용되고, 아세틸살리실산을 뜻하기도 한다. 알파벳 'a'는 아세틸, 'spir'는 조팝나무(Spiraea ulmaria; meadowsweet; 조팝나무로부터 다양한 살리실산 유도체들이 발견됨), 'in'은 바이엘사 제품에 붙이던 접미사가 조합되어 아스피린이라는 이름이 만들어졌다.

1. 구조 및 특성

아스피린은 벤조산(benzoic acid)의 2번 위치에 아세톡시가 치환된 구조이며, 살리실산(2-hydroxybenzoic acid)을 모핵으로 보면 하이드록시기가 아세톡시(acetoxy; $OCOCH_3$)기로 치환된 화합물이다.

살리실산의 경우 해리된 카복실레이트(carboxylate)의 산소와 2번 위치에 있는 하이드록시기의 수소가 분자 내 수소 결합(intramolecular hydrogen bonding)을 하기 때문에 카복실레이트를 안정화시킬 수 있고, 반면에 아스피린은 하이드록시가 아세톡시로 치환되어서 분자 내 수소 결합이 불가능하다. 이러한 차이로 인해 아스피린(pK_a = 3.5)은 살리실산(pK_a = 2.97)보다 조금 더 약한 산성을 나타낸다. 아스피린의 아세톡시기는 약한 전자 끌개(electron-withdrawing)로 작용하여 벤젠 고리의 전자 밀도를 감소시키면서 해리된 카복실레이트를 안정화시키며 따라서 벤조산(pK_a = 4.20)보다 약간 더 산성을 띤다.

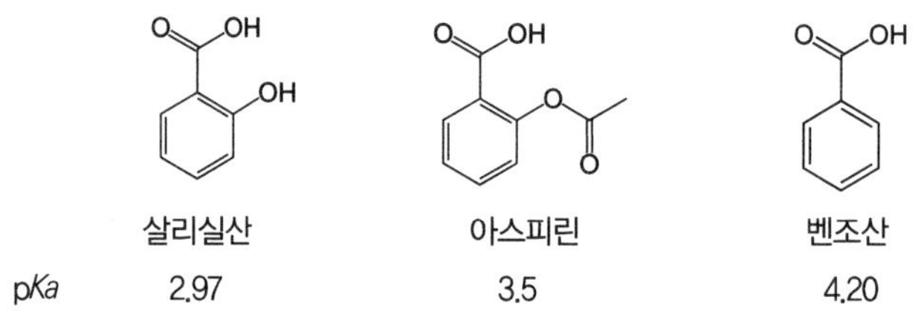

2. 역사

기원전 2500년 이전부터 버드나무 껍질이나 잎을 씹으면 진통 및 해열 효과가 있다고 알려져 있었다. 그 이유는 버드나무로부터 나오는 살리신(salicin)이라는 물질이 체내에서 대사가 일어나 살리실산으로 바뀌는데 이 물질이 진통 및 해열 작용을 일으키기 때문이다.

19세기에 이르러 살리실산의 효과가 오래 지속되게 하고 부작용을 줄이기 위한 연구를 진행한 결과, 1828년에 독일 약사 요한 뷰흐너(Johann Andreas Buchner)는 삶은 버드나무 껍질로부터 노란색 물질을 처음 얻었고, 라틴어로 버드나무(salix)에 유도체를 뜻하는 in을 붙여 살리신(salicin)이라고 이름지었다. 마침내 1853년에 프랑스 화학자인 찰스 게르하르트(Charles Frédéric Gerhardt)는 순도가 높지는 않았지만 최초로 아세틸살리실산을 합성하였다.

이후 1897년에 독일 바이엘(Bayer)사의 펠릭스 호프만(Felix Hoffmann)이 조팝나무 껍질 추출물 연구를 통하여 순도 높은 아세틸살리실산 합성법을 개발했다. 1899년 1월에 바이엘사에서는 분말 형태의 아세틸살리실산을 아스피린이라 이름 짓고,

1899년 7월에 처음으로 진통 및 해열제로 판매를 시작했다. 최초의 합성 의약품인 아스피린은 1950년에는 가장 많이 판매되는 약으로 기네스북에 등재되기도 했다.

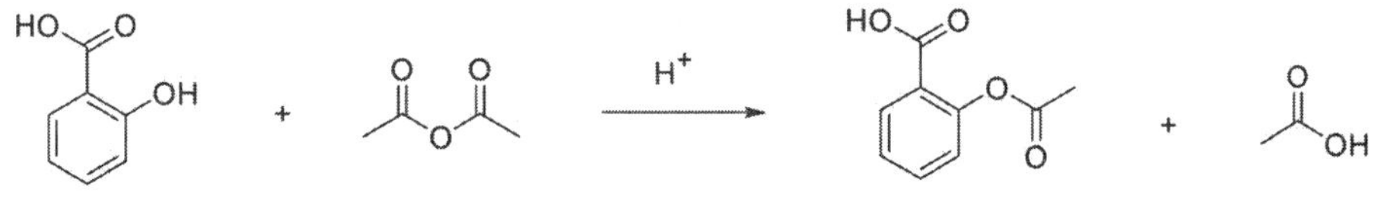

기구 및 시약

기구

물중탕, 가열판, 삼각 플라스크(50 mL), 비커, 유리막대, 스탠드, 클램프, 눈금 실린더, 감압 거름장치, 시계 접시, 온도계, 거름 종이

시약

살리실산(salicylic acid), 아세트산 무수물(acetic anhydride), 85% 인산 (phosphoric acid), 얼음

실험 방법

주의사항

- 아세트산 무수물에서는 톡 쏘는 식초 냄새가 남으로 냄새를 직접 맡지 않도록 한다.
- 과량의 아세트산 무수물에 물을 가하여 분해시키면 뜨거운 증기가 발생하므로 화상에 주의한다.
- 합성한 아스피린은 순수하지 않으므로 절대 복용하지 말아야 한다.
- 스탠드에 설치된 클램프(집게)의 금속 부분은 물중탕 과정에서 가열되므로, 화

상에 주의한다.

- 가열판의 전선이 열에 의해 녹지 않도록 가열판과 전선이 닿지 않게 주의한다.
- 가열된 물에 의한 화상에 주의한다.

① 물중탕 장치를 준비한다.

- Hot plate 사용법: MAX 온도의 80%(300℃ or 6~7단계) 물 양은 부피의 1/3로 조절, 온도는 70~85℃로 유지한다.

② 50 mL 삼각 플라스크를 저울에 올리고 영점을 맞춘 후 살리실산 약 2.5 g을 넣는다(살리실산의 무게를 기록한다).

③ 다시 저울의 영점을 맞추고, 삼각 플라스크에 아세트산 무수물 3 mL를 일회용 스포이드(1 mL)를 이용하여 넣어준다. 아세트산 무수물 무게를 기록한다.

④ 85% 인산 3~4방울을 넣어 주고 70~85℃로 유지하여 10분간 가열하면 반응이 완결된다.

⑤ 이 용액에 증류수 2 mL를 조심스럽게 넣어서 반응하지 않고 남아 있는 아세트산 무수물을 분해시킨다. 아세트산 무수물이 분해되는 동안에 아세트산 증기가 발생하므로 실험실의 환기가 잘 되도록 한다.

⑥ 아세트산 증기가 더 이상 발생하지 않으면 삼각 플라스크를 물중탕에서 꺼내 증류수 20 mL를 넣어주고 물을 이용하여 10분간 냉각시킨다.

⑦ 감압 여과에 사용할 거름종이 무게를 측정한다.

⑧ 생성된 결정을 감압 여과기로 걸러낸 후 생성물을 water bottle을 이용하여 증류수로 씻어준 후, 오븐에서 30분 이상 말린다.

⑨ (거름종이 + 반응물)의 무게를 측정한다.

실험 결과

화합물	분자량 (g/mol)
살리실산	
아세트산 무수물	
아스피린	

실험 결과를 아래의 표에 실험 결과를 단위 포함하여 작성하라.

사용한 살리실산의 무게	g
사용한 아세트산 무수물의 부피	mL
사용한 아세트산 무수물의 무게 (d=1.08 g/mL)	g
얻은 아스피린의 무게	g
아스피린의 이론적 수득량	g
수득률(%)	%

질문

1 이 실험에서 한계 시약은 무엇인가?

– 살리실산 몰수:

– 아세트산 무수물 몰수:

2 아세트 작용기를 도입하고자 할 때 아세트산이 아닌 아세트산 무수물을 사용하는 이유를 서술하시오.

실험 13

의약품 아스피린 순도 측정

이론

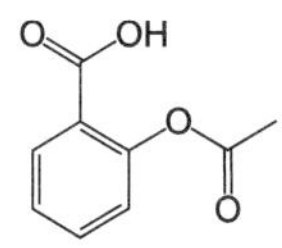

아스피린 구조

전구약물(prodrug)인 아스피린(aspirin)의 주성분은 아세틸살리실산(acetylsalicylic acid)이며, 살리실산(salicyclic acid)의 2번 위치에 있는 하이드록시가 아세톡시(acetoxy; $OCOCH_3$)로 치환된 화합물이다.

감기 등으로 열이 나거나 통증을 느낄 때 약국 등에서 의약품으로 팔고 있는 아스피린을 구입하여 복용한다. 실제로 이 의약품에는 순수한 아스피린은 소량 포함되어 있고 대부분은 부형제로 복용 후에 우리 몸에 효과적으로 흡수되어 의약 효능을 발휘할 수 있도록 돕는 물질이 함께 포함되어 있다.

1. 구조 및 특성

아스피린은 벤조산(benzoic acid)의 2번 위치에 아세톡시가 치환된 구조이며, 살리실산(2-hydroxybenzoic acid)을 모핵으로 보면 하이드록시기가 아세톡시(acetoxy; $OCOCH_3$)기로 치환된 화합물이다.

아스피린(pK_a = 3.5)은 카복실산(-COOH) 작용기를 포함하고 있어 산성을 나타내며 약한 산성을 보인다.

2. 산-염기 정의

가장 기본적인 산-염기 정의는 스웨덴의 화학자 아레니우스(Svante Arrhenius, 1859~1927)에 의해 제안되었다. 아레니우스는 이온의 개념에서 산-염기에 접근하여 수용액 상태에서 수소 이온(양성자 또는 하이드로늄 이온, H^+ 또는 H_3O^+)을 내놓는 물질을 산으로 정의하고, 수산화 이온(OH^-)를 내놓는 물질을 염기로 정의하였다.

브뢴스테드-로우리의 산-염기(Brønsted-Lowry acid-base) 정의는 다음과 같다.

산(acid): 양성자(H+: proton) 주개(donor)

염기(base): 양성자(H+: proton) 받개(acceptor)

루이스(Lewis)의 산-염기 정의는 다음과 같다.

산(acid): 전자쌍(electoron pair) 받개(acceptor)

염기(base): 전자쌍(electoron pair) 주개(donor)

3. 당량점과 종말점

당량점은 적정에서 얻고자 하는 이상적인 값(이론적인 값)을 의미하며, 종말점은 적정에서 실제로 측정한 결과값(용액의 물리적, 화학적 성질이 갑자기 변함)이다. 당량점과 종말점은 일치할 수 없다. 지시약 자체가 약산이거나 약염기이기 때문에 많이 넣으면 당량점을 정확하게 알 수 없게 된다. 관찰되는 종말점과 당량점의 차이를 지시약 오차라 하는데 지시약은 그 변색 범위가 적정곡선의 급경사 부분에 가능한 밀접하게 중첩하는 것이 바람직하다. 만약 지시약을 많이 가하였을 경우 당량점에서의 색 변화를 빠른 시간 내에 포착할 수 없어서 지시약 오차를 유발할 수 있다.

약산을 강염기로 적정 시, 중화 반응으로 생성된 염은 수용액 중에서 다시 OH^-를 내놓기 때문에 당량점에서의 pH는 7보다 크다.

$$CH_3COO^- + H_2O \rightarrow CH_3COOH + OH^-$$

4. 아스피린 적정 실험 원리

산과 염기는 우리 일상 생활과 밀접한 관계를 가지고 있다. 식초의 신맛을 내는 성분은 약한 산인 아세트산이고 감기약으로 복용하는 아스피린은 살리실산 아세틸이라는 약한 산성 물질이다. 이들의 산–염기 중화 반응은 아래와 같다.

식초: $CH_3COOH + NaOH \rightarrow CH_3COONa + H_2O$

아스피린: $C_6H_4(OCOCH_3)COOH + NaOH \rightarrow C_6H_4(OCOCH_3)COONa + H_2O$

이들의 산–염기 반응은 1:1의 몰수로 반응하므로 당량점에서 분석 물질의 몰수는 가해준 표준 용액의 몰수와 같다.

$$NV = N'V'$$

위의 관계식으로 분석 물질의 몰수와 질량을 구하고, 순도를 계산할 수 있다

기구 및 시약

기구

저울, 가열판, 삼각 플라스크(50 혹은 100 mL), 비커(100 mL), 스탠드, 클램프, 눈금 실린더(100 mL)

시약

아스피린(시중 판매용), 0.5 M NaOH 표준 용액, 페놀프탈레인 지시약

실험 방법

주의사항

– 적정할 때 삼각 플라스크와 뷰렛의 끝부분이 부딪혀서 깨지는 일이 없도록 한다.

– 뷰렛을 사용한 후 반드시 깨끗하게 세척하여 콕크를 열어둔 상태에서 물속에 담가 놓던가, 뒤집어서 콕크를 열어둔 상태에서 스탠드에 고정해 둔다.

① 아스피린 0.5 g을 정확하게 취해서 100 mL 삼각 플라스크에 넣는다.

② 약 50 mL의 증류수를 넣고 아스피린이 완전히 녹도록 흔들어 준다. (잘 녹지 않으므로 가열기로 용액을 60~70℃정도 가열한다. 하지만 완전히 녹이지 않아도 실험에 지장이 없다.)

③ 페놀프탈레인 지시약 4~5방울 정도 충분히 넣고 0.5 M 수산화 소듐(NaOH) 용액으로 적정한다.

④ 페놀프탈레인의 분홍색이 나타나기 시작하면 수산화 소듐 용액을 조금씩 넣어주면서 용액을 잘 저어준다. 분홍색이 30초 이상 지속된 후 없어지면 수산화 소듐 한 방울을 더 넣어 준다. 만약 색이 변하지 않으면 수산화 소듐 한 방울을 넣기 전의 부피를 종말점으로 간주한다.

⑤ 실험을 2~3번 반복하여 평균값을 구하거나 가장 확실한 값을 선택한다.

실험 결과

화합물	값
아스피린의 무게	
아스피린의 분자량	

실험 결과를 아래의 표에 실험 결과를 단위 포함하여 작성하라.

	1회	2회
아스피린의 무게		
NaOH 표준 용액의 농도		
소비된 NaOH의 부피		
소비된 NaOH의 몰수		
아스피린의 몰수		
아스피린의 질량		
순도		

질문

1 실험과정에서 페놀프탈레인 지시약을 적은 양인 2~3방울만 사용하는 이유는 무엇인가?

실험 14 엔탈피 측정

이론

1. 엔탈피

화학에서는 반응열, 연소열, 용해열, 중화열, 증발열 등 많은 열을 다루며, 이 '열' 변화는 부피가 일정한 상태보다는 압력이 일정한 상태, 즉 대기압 아래에서 일어나는 경우가 많다. 대기압 아래에서 일어나는 물의 증발, 얼음의 융해, 연료의 연소 반응이 그 예라 할 수 있다.

압력이 일정한 상태에서 물리-화학적 변화로 일어나는 열의 출입을 에너지보다 간단하고 편리한 새로운 함수를 도입하게 되었다. 이와 같은 열을 엔탈피(enthalpy: H)라고 하며 '열함량'(heat content)이라고 부르기도 한다. 예를 들어, 일정한 압력에서 일어나는 화합물의 생성 반응에서 엔탈피의 변화량은 '생성 엔탈피' 또는 '생성열'이라고 부른다.

엔탈피는 변화 경로와 무관한 상태 함수이고, 계의 크기에 비례하는 크기 성질이다. 하지만 열은 변화 경로에 따라 달라지는 경로 함수이기 때문에 상태 변화에 대한 표준 술어는 엔탈피(enthalpy: H)이다.

2. 엔탈피 정의

엔탈피 H는 다음과 같이 정의한다.

$$H = U + PV$$

U는 내부 에너지, P는 압력, V는 부피

엔탈피 H는 내부 에너지 U와 마찬가지로 상태 함수이므로 계가 한 상태 i에서 다른 상태 j로 변화할 때 엔탈피 변화 ΔH는 상태의 변화 경로에 상관없이 두 상태의 엔탈피 차이에 의해서 결정된다. 즉,

$$\Delta H = H_j - H_i$$

H_j와 H_i는 j와 i에서 계의 엔탈피

엔탈피의 종류에는 다음과 같은 것들이 있다.

화학적 변화

생성 엔탈피: 순수한 원소로부터 화합물이 생성될 때의 엔탈피 변화

반응 엔탈피: 화학 반응이 일어날 때의 엔탈피 변화

연소 엔탈피: 물질이 산소와 반응하여 완전히 연소될 때의 엔탈피 변화

물리적 변화

용융 엔탈피: 고체 상태의 물질이 녹아서 액체 상태로 변화할 때의 엔탈피 변화

승화 엔탈피: 고체 상태의 물질이 기체 상태로 변화할 때의 엔탈피 변화

증발 엔탈피: 액체 상태의 물질이 기체 상태로 변화할 때의 엔탈피 변화

혼합 엔탈피: 서로 반응하지 않는 두 화학종을 용액 상태로 혼합할 때의 엔탈피 변화

용해 엔탈피: 용질이 용매에 녹을 때의 엔탈피 변화

수화 엔탈피: 용질이 물에 녹을 때의 엔탈피 변화

3. 엔탈피와 헤스 법칙

일정한 압력에서 반응물들이 반응하여 생성물로 변환되는 경우에 반응 엔탈피는 반응 경로와 상관없이 일정하다는 것을 헤스 법칙(Hess's Law)이라고 한다.

4. 엔탈피 측정 실험 내용

이번 실험에서는 다음의 세 가지 중화 반응의 중화열을 측정하고, 얻어진 결과가

헤스 법칙을 만족하는지 확인한다.

$$NaOH(s) + HCl(aq) \rightleftarrows NaCl(aq) + H_2O(l) \quad : \Delta H_1$$

$$NaOH(s) + H_2O(l) \rightleftarrows NaOH(aq) + H_2O(l) \quad : \Delta H_2$$

$$NaOH(aq) + HCl(aq) \rightleftarrows NaCl(aq) + H_2O(l) \quad : \Delta H_3$$

헤스의 법칙: $\Delta H_1 = \Delta H_2 + \Delta H_3$

실험값에서 헤스 법칙이 성립되지 못하는 경우 그 이유를 고찰한다.

기구 및 시약

기구

비커(100 mL), 단열 장치(솜, 스티로폼), 온도계, 눈금 실린더, 화학 저울

시약

고체 수산화 소듐(NaOH), 0.25 M 염산(HCl) 용액, 0.5 M 염산(HCl) 용액, 0.5 M 수산화 소듐(NaOH) 용액

실험 방법

실험 A: ΔH_1 측정

① 말린 100 mL 비커 무게를 0.1 g까지 측정하고, 솜으로 감싼 후 스티로폼에 넣는다.

② 눈금 실린더에 0.25 M 염산 용액 50 mL를 비커에 넣고 온도를 0.1°C까지 측정한다.

③ 약 0.5 g의 고체 수산화 소듐(NaOH)을 0.01 g까지 재빨리 측정하여 비커에 넣

고 스티로폼을 닫은 후, 용액이 넘치지 않게 조심히 흔들어 준다.

④ 용액 온도가 가장 높을 때의 온도를 기록하고, 용액이 들어있는 비커의 무게를 잰다.

실험 B: ΔH_2 측정

① 말린 100 mL 비커 무게를 0.1 g까지 측정하고, 솜으로 감싼 후 스티로폼에 넣는다.

② 눈금 실린더에 증류수 50 mL를 측정한 후, 비커에 넣고 온도를 0.1°C까지 측정한다.

③ 약 0.5 g의 고체 수산화 소듐(NaOH)을 0.01 g까지 재빨리 측정하여 비커에 넣고 스티로폼을 닫은 후, 용액이 넘치지 않게 조심히 흔들어 준다.

④ 용액 온도가 가장 높을 때의 온도를 기록하고, 용액이 들어있는 비커의 무게를 잰다.

실험 C: ΔH_3 측정

① 말린 100 mL 비커 무게를 0.1 g까지 측정하고, 솜으로 감싼 후 스티로폼에 넣는다.

② 눈금 실린더에 0.5 M 염산 25 mL를 측정한 후, 비커에 넣고 온도를 0.1°C까지 측정한다.

③ 눈금 실린더에 0.5 M 수산화 소듐(NaOH) 용액 25 mL를 채우고, 온도를 측정하여 염산 용액과 온도가 같은가를 확인한다.

④ 수산화 소듐(NaOH) 용액을 염산 용액에 재빨리 넣고, 용액 온도가 가장 높을 때의 온도를 기록하고, 용액이 들어있는 비커의 무게를 잰다.

실험 결과

실험 A

1) 다음 실험 A의 표를 채워라.

측정값	100 mL 비커의 무게(W_2)		g
	고체 NaOH의 무게		g
	중화된 용액과 비커의 무게		g
	중화된 용액의 무게(W_1)		g
	염산 용액 온도		℃
	중화된 용액의 최고 온도		℃

2) ΔH_1 계산을 위한 표를 채워라.

계산값	온도 상승 값(ΔT)		℃
	용액에 의해 흡수된 열량(물의 비열용량 4.18 J/g℃)		J
	비커에 의해 흡수된 열량(유리의 비열용량 0.85 J/g℃)		J
	실험 A에서 방출된 열량		J
	NaOH 1몰당 반응열(ΔH_1) [kJ/mol]		kJ

3) ΔH_1 계산

용액에 의해 흡수된 열량:
비커에 의해 흡수된 열량:
실험 A에서 방출된 열량:
NaOH 1몰당 용해열(ΔH_1) [kJ/mol] =

실험 B

1) 다음 실험 B의 표를 채워라.

측정값	100 mL 비커의 무게(W_2)		g
	고체 NaOH의 무게		g
	NaOH 용액과 비커의 무게		g
	NaOH 용액의 무게(W_1)		g
	물의 온도		℃
	NaOH 용액의 최고 온도		℃

2) ΔH_2 계산을 위한 표를 채워라.

계산값	온도 상승 값(ΔT)	℃
	용액에 의해 흡수된 열량(물의 비열용량 4.18 J/g℃)	J
	비커에 의해 흡수된 열량(유리의 비열용량 0.85 J/g℃)	J
	실험 B에서 방출된 열량	J
	NaOH 1몰당 용해열(ΔH_2) [kJ/mol]	kJ

3) ΔH_2 계산

용액에 의해 흡수된 열량:

비커에 의해 흡수된 열량:

실험 B에서 방출된 열량:

NaOH 1몰당 용해열(ΔH_2) [kJ/mol] =

실험 C

1) 다음 실험 C의 표를 채워라.

측정값	100 mL 비커의 무게(W_2)	g
	중화된 용액과 비커의 무게	g
	중화된 용액의 무게(W_1)	g
	NaOH 용액과 HCl 용액의 평균 온도	g
	중화된 용액의 최고 온도	℃

2) ΔH_3 계산을 위한 표를 채워라.

계산값	온도 상승 값(ΔT)	℃
	용액에 의해 흡수된 열량(물의 비열용량 4.18 J/g℃)	J
	비커에 의해 흡수된 열량(유리의 비열용량 0.85 J/g℃)	J
	실험 C에서 방출된 열량	J
	NaOH 1몰당 용해열(ΔH_3) [kJ/mol]	kJ

3) ΔH_3 계산

용액에 의해 흡수된 열량 :
비커에 의해 흡수된 열량 :
실험 C에서 방출된 열량 :
NaOH 1몰당 용해열(ΔH_3) [kJ/mol] =

질문

1 이 실험에서 헤스 법칙이 적용되는가?

2 헤스 법칙과 비교한 오차율은 몇 %인가?

3 헤스 법칙과 차이가 나는 원인과 이유는?

4 열역학 제1법칙과 헤스 법칙을 설명하라.

5 다음 에너지 도표를 보고 $3CO_2(g) + 4H_2O(l) \rightarrow C_3H_8(g) + 5O_2(g)$의 반응의 엔탈피($\Delta H_4$)를 구하라(자세한 풀이 과정을 작성하라).

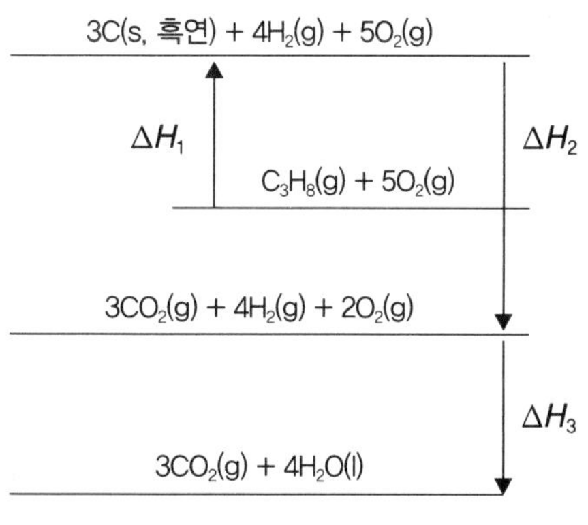

ΔH_1 = +104 kJ

ΔH_2 = −1181 kJ

ΔH_3 = −1143 kJ

실험 15

완충 용액

이론

1. 완충 용액

완충 용액은 용액에 산과 염기를 추가로 넣고 나서도 그 용액의 pH 변화가 거의 없는 용액으로, 주로 약산과 그 짝염기 또는 약염기와 그 짝산의 혼합물로 구성되어 있다.

완충 용액은 수소 이온 농도를 일정하게 유지해야 하는 다양한 분야에서 널리 사용되고 있으며, 생물체 내에서도 항상성(homeostasis)을 유지하는 데 매우 중요한 역할을 한다.

대표적인 예로 혈액의 완충 작용을 들 수 있는데, 우리가 산성인 식초가 듬뿍 포함된 음식을 많이 먹어도, 콜라를 몇 캔씩 마셔도 혈액이나 몸의 pH가 산성으로 변하지 않는다. 인체의 혈액이나 체액은 약간의 산 혹은 염기가 들어가도 일정한 pH(7.3~ 7.4)를 유지할 수 있는 완충 능력이 있기 때문이다.

2. 공통 이온 효과

완충 효과를 나타내기 위해서는 완충 용액에 산(또는 염기)을 첨가하여도 르샤틀리에 원리에 따라 늘어난 산(또는 염기)의 농도를 줄여서 변화가 적도록 한다.

약산에 그의 짝염기가 충분한 양으로 포함된 완충 용액에 산이나 염기가 첨가되어도 공통 이온 효과에 따라 그 변화를 줄어들게 함으로써 완충 효과가 나타나도록 한다.

예를 들어, 약산인 아세트산과 그의 짝염기인 아세트산 이온과 평형을 이룬 용액에서, 식 (1)에 의해서는 약산인 아세트산은 일부 이온화가 일어나서 짝염기인 아세트산 이온을 형성하지만, 이 자체만으로는 완충 용액으로 역할을 할 만큼 충분한 짝염기를 포함하고 있지 않으므로, 식 (2)와 같이 아세트산 소듐을 녹여서 아세트산 이온이 충분하게 한다.

$$CH_3COOH(aq) \rightleftarrows CH_3COO^-(aq) + H^+(aq) \quad (1)$$

$$CH_3COONa(aq) \rightleftarrows CH_3COO^-(aq) + Na^+(aq) \quad (2)$$

두 식에서 아세트산 이온(CH_3COO^-)은 공통으로 지니는 이온이 되는데, 이 공통 이온의 농도가 증가하면 르샤틀리에 원리에 따라 (1)번 식의 평형이 왼쪽으로 이동하여 그 농도가 줄어들게 되고, 이 공통 이온의 농도가 감소하게 되면 (1)번 식의 평형이 오른쪽으로 이동하게 되어 늘어나게 된다. 이처럼 공통 이온의 농도가 변하면 그 변화를 줄이도록 평형이 이동하는 현상을 공통 이온 효과라고 한다.

완충 용액에 산을 가하면, 늘어난 수소 이온(H^+)의 농도는 아세트산 음이온과 반응하여 그 농도를 줄이는 방향으로 진행된다. 반면, 완충 용액에 염기를 가하면, 늘어난 수산화 이온(OH^-)은 수소 이온(H^+)과 중화되므로, 수소 이온 농도가 감소하게 되는데, 줄어든 수소 이온 농도를 증가시키는 방향으로 아세트산이 해리될 것이다.

3. 핸더슨-하셀바흐 식

핸더슨-하셀바흐(Henderson-Hasselbalch) 식은 화학 또는 생물학적 계에서 산 해리 상수와 짝산, 짝염기 화학종의 농도를 이용하여 수소 이온 농도 지수를 유도한 식이다. 이 식을 이용하여 완충 용액의 수소 이온 농도 지수나 산, 염기의 해리된 비율 및 농도를 계산할 수 있다.

기본적인 수식은 다음과 같다. 여기서 [HA]는 약산의 몰농도, $[A^-]$는 약산의 짝염기에 대한 몰농도를 말하며, pK_a는 산 해리 상수, pH는 수소 이온 농도 지수를 나타낸다.

$$pH = pK_a + \log_{10}[A^-]/[HA]$$

아세트산(pK_a = 4.75)을 사용해서 pH가 5인 완충 용액을 제조하려고 할 때, 아세트산(HA)과 아세트산의 짝염기(A^-)의 비율은 헨더슨-하셀바흐 식을 통해서 $\log_{10}[A^-]/[HA] = 0.25$임을 알 수 있고, $[A^-]/[HA] = 1.7783$의 비율로 제조하면 된다는 것을 알 수 있다.

기구 및 시약

기구

부피 플라스크(250 mL, 100 mL), 비커(100 mL, 500 mL), 유리 피펫, 이동 피펫(10 mL), 눈금 실린더(50 mL), Hot plate, stirring bar, 스탠드, 클램프, pH 미터

시약

아세트산 소듐(CH_3COONa), 0.5 M HCl 표준 용액, 0.5 M NaOH 표준 용액

실험 방법

주의사항

- 산과 염기를 사용하므로 피부에 닿지 않게 조심한다.
- pH 미터의 유리 전극이 상하지 않도록 주의하여 사용한다.
- 유리 전극이 마르지 않도록 주의한다.

실험 A: 0.2 M 완충 용액(아세트산 소듐) 제조(250 mL)

① 500 mL 비커에 0.05 mol 아세트산 소듐(약 4.1 g)을 약 150 mL 증류수에 녹이고 stirring bar를 사용해 교반한다.

② 비커에 클램프를 이용하여 pH 미터를 장착하고 pH를 확인하면서 목표한 pH 4.75가 될 때까지 HCl 용액을 넣는다 (먼저 HCl 용액을 30 mL까지는 그냥 붓

고 나머지는 pH를 측정하면서 파스퇴르 피펫으로 조금씩 첨가한다).

※ pH 미터의 유리 전극에 비커 바닥과 stirring bar가 닿아 전극이 상하지 않도록 stirring bar의 위치를 조정하고 교반 속도를 조절한다.

③ 비커의 용액을 250 mL 부피 플라스크에 옮기고 사용한 비커를 증류수로 몇 번 헹군 후 헹군 증류수를 부피 플라스크에 함께 담는다.

④ 부피 플라스크의 표시선까지 증류수로 채우고 파라 필름으로 부피 플라스크의 입구를 막고 위아래로 뒤집어 용액을 섞는다.

실험 B: 0.02 M 완충 용액 제조(10배 희석)

① 실험 A에서 만든 0.2 M 완충 용액 10 mL를 취해 깨끗한 100 mL 부피 플라스크로 옮긴다.

② 부피 플라스크의 표시선까지 증류수를 채우고 파라 필름으로 부피 플라스크의 입구를 막고 위아래로 뒤집어 용액을 섞는다.

실험 C: 40 mL 증류수에서의 pH 변화 확인

가. HCl 용액 첨가에 의한 pH 변화

① 증류수 40 mL를 깨끗한 비커에 넣고 깨끗한 stirring bar를 사용해 교반한다.

② pH 미터 전극을 증류수로 헹구고 휴지로 물기를 제거하여 교반 중인 증류수에 넣는다.

③ pH 미터의 디스플레이에 나타난 용액의 pH가 안정되면 pH를 기록한다.

④ pH 미터가 증류수에 담겨있는 상태에서 0.5 M 표준 HCl 용액을 1방울씩 떨어뜨리면서 pH를 측정한다(이후 실험에서의 방울들과 최대한 부피가 같도록 조절한다).

⑤ 6방울까지 측정한다.

나. NaOH 용액 첨가에 의한 pH 변화

비커에 든 증류수를 새 증류수로 바꾸고 0.5 M 표준 NaOH 용액으로 가.의 과정을 반복한다.

실험 D: 40 mL 완충 용액에서의 pH 변화 확인

가. HCl 용액 첨가에 의한 pH 변화

① 완충 용액 40 mL를 깨끗한 비커에 넣고 stirring bar를 사용해 교반한다.

② pH 미터 전극을 완충 용액으로 헹구고 교반 중인 완충 용액에 넣는다.

③ pH 미터의 디스플레이에 나타난 용액의 pH가 안정되면 pH를 기록한다.

④ pH 미터가 완충 용액에 담겨있는 상태에서 0.5 M 표준 HCl 용액을 1방울씩 떨어뜨리면서 pH를 측정한다(2, 4, 6, 8, 10 방울을 첨가했을 때 각각의 pH를 측정한다).

⑤ 새로운 완충 용액 40 mL를 비커에 넣고 2 mL의 0.5 M 표준 HCl 용액 첨가하여 pH를 측정한다.

나. NaOH 용액 첨가에 의한 pH 변화

새 완충 용액(40 mL)에서 0.5 M 표준 NaOH 용액으로 가.의 과정을 반복한다.

실험 결과

1. 실험 C와 D의 실험 결과 표를 작성하라.

HCl을 완충 용액에 첨가했을 때

	누적 방울 수	0	1	2	3	4	5	6
증류수	pH							
0.2 M 완충 용액	누적 방울 수	0	2	4	6	8	10	2 mL
	pH							
0.02 M 완충 용액	누적 방울 수	0	2	4	6	8	10	2 mL
	pH							

NaOH를 완충 용액에 첨가했을 때

	누적 방울 수	0	1	2	3	4	5	6
증류수	pH							
0.2 M 완충 용액	누적 방울 수	0	2	4	6	8	10	2 mL
	pH							
0.02 M 완충 용액	누적 방울 수	0	2	4	6	8	10	2 mL
	pH							

2. 얻은 값을 이용하여 적정 곡선을 그리고 완충 영역을 표시하라

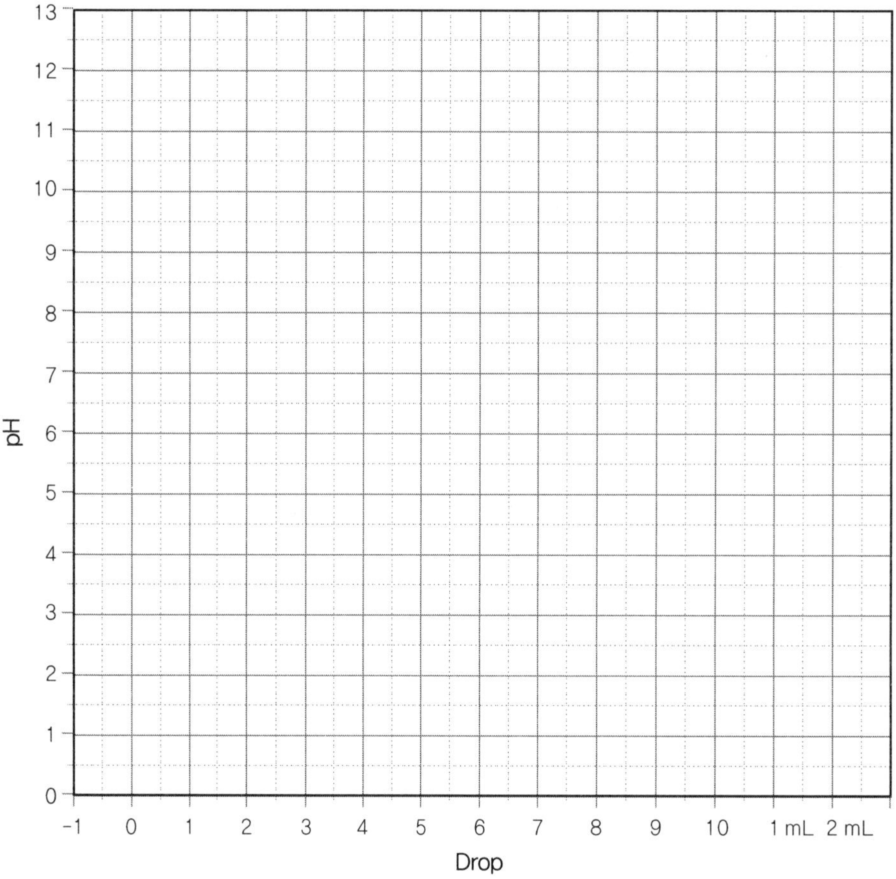

질문

1 일반적인 약산 HX에 대하여 핸더슨–하셀바흐 식을 유도하라.

2 강산이나 강염기로는 완충 용액을 만들 수 없는 이유는 무엇인가?

3 약산 HX와 짝염기 X^-의 완충 용액에서 완충 효과가 가장 클 때는 [HX]와 $[X^-]$의 농도가 같을 경우임을 설명하라.

4 pH가 4.74인 0.2 M CH_3COONa 완충 용액 40 mL에 0.75 M HCl 2 mL를 넣었을 때의 pH를 핸더슨–하셀바흐 식을 이용하여 계산하라. (단, CH_3COOH의 $K_a = 1.8 \times 10^{-5}$)

실험 16

화학 전지

이론

1. 물질의 산화-환원 반응

반응물 간의 전자 이동으로 일어나는 반응을 산화–환원 반응이라고 하며 산화와 환원은 동시에 일어난다. 전자를 잃은 반응물은 산화되었다고 하며, 반면 전자를 얻은 반응물은 환원되었다고 한다.

전자를 잃으며 산화된 반응물은 산화수가 증가하고, 전자를 얻으며 환원된 반응물은 산화수가 줄어든다. 이때 잃은 전자수와 얻은 전자수는 항상 같다.

자신은 환원되면서 다른 물질을 산화시키는 물질을 산화제, 반대로 자신은 산화되면서 다른 물질을 환원시키는 물질을 환원제라고 한다. 따라서 전자를 얻는 성질이 강할수록 강한 산화제, 전자를 잃는 성질이 강할수록 강한 환원제이다.

2. 화학 전지

물질의 산화–환원 반응을 이용하여 화학 에너지를 전기 에너지로 전환시키는 최초의 화학 전지는 1800년 이탈리아의 볼타(Alessandro Volta)가 개발한 볼타 전지(Volta cell)이다. 볼타는 구리(Cu)와 아연(Zn) 판(disc)을 교대로 적층한 파일을 만들었는데 판 사이에는 바닷물에 적신 헝겊을 끼워 두 판을 분리한 후 상판과 하판을 도선으로 연결하였을 때 강한 전류가 흐르는 것을 발견하였다.

전지의 기전력이 0으로 떨어지면 재충전할 수 없어 재사용할 수 없는 전지를 1차 전지라고 하며, 보통 건전지라고 한다. 볼타 전지, 다니엘 전지, 건전지 등이 있다.

화학 에너지를 전기 에너지로 변환시키는 방전(discharging) 과정과 전기 에너지를 화학 에너지로 변화시키는 충전(charging) 과정을 반복할 수 있어서 전지를 재사용할 수 있도록 만들어진 전지를 2차 전지라고 하며, 축전지라고 한다. 납산(lead acid), 니켈 카드뮴(NiCd), 니켈 수소(NiMH), 리튬 이온(Li−ion), 리튬 이온 폴리머(Li−ion polymer) 등 여러 가지 전극 재료와 전해질의 조합이 사용된다.

수소와 탄화수소 등의 통상적인 연료와 산화제를 전기화학적으로 반응시켜 전기로 변환을 하는 전기화학 전지를 연료 전지(fuel cell)라고 한다. 연료 전지는 모든 반응물이 전지에 포함되어 있어 배터리와 달리 전기를 생산하기 위해 연료를 지속해서 공급해야만 하는 차이가 있다. 가장 흔한 연료 전지 시스템은 수소를 기반으로 하는데 연료인 수소와 산화제인 산소가 전극에서 전기화학 반응을 일으켜 전기를 발생시키고 생성물로는 물이 만들어진다.

3. 갈바니 전지/볼타 전지

자발적으로 일어나는 산화−환원 화 학반응이 외부 회로(혹은 전선)와 연결되어 화학 에너지가 전기 에너지로 변환되는 전지를 통상적으로 갈바니 전지 혹은 볼타 전지(voltaic cell)라 한다. 반대로 외부에서 전기 에너지를 공급하여 비자발적인 화학 반응을 일으키는 전지를 전해 전지(electrolytic cell)라고 한다. 전기 분해는 전해 전지의 개념에 속한다.

갈바니 전지에서는 두 개의 다른 금속이 염다리(salt bridge)로 연결되어 있거나, 두 개의 반쪽 전극이 다공성 막(porous membrane)으로 분리되어 있어 산화−환원 반응이 일어나는 반응물 사이에서 직접적인 전자의 이동이 일어나지 않고, 외부의 회로를 통해서만 산화−환원 반응의 반응물 사이에서 전자의 이동이 일어난다.

예를 들어 아연(Zn) 조각을 구리 이온(Cu^{2+})이 들어 있는 용액에 넣으면 금속 아연은 Zn^{2+} 이온으로 자발적으로 산화되고, 구리 이온은 아연으로부터 전자를 받아 구리 금속으로 환원된다.

$$Zn(s) + Cu^{2+}(aq) \rightarrow Zn^{2+}(aq) + Cu(s)$$

4. 표준 환원 전위

표준 환원 전위는 기호로 E°로 표시하며, 표준 상태에서 전기 화학 반응의 평형 전위를 일컫는다. 이를 통해서 표준 상태에서 특정 전기 화학 반응의 산화-환원 정도를 알 수 있으며, 환원 반쪽 반응을 기준으로 전위값을 나타낸다. 표준 환원 전위를 개별적으로 측정하기는 매우 어려우므로, 전위차계를 이용하여 두 반쪽 반응의 전위차를 측정하여 표준 환원 전위를 측정한다.

표준 환원 전위가 양의 값이면 표준 상태에서 수소 이온보다 환원이 잘 되고, 음의 값이면 수소 이온보다 환원이 잘 되지 않음을 뜻한다. 즉 표준 환원 전위는 그 값이 클수록 환원성이 크고, 작을수록 산화성이 커짐을 의미한다. 표준 상태가 아닌 경우에는 네른스트 식을 이용하여 각 반쪽 반응의 전위를 계산해서 전지의 기전력을 구할 수 있다.

5. 네른스트(Nernst equation) 식

볼타 전지에서 두 전극의 전위차는 전지 전위(cell potential)라고 한다. 이 전위차는 전자를 외부 회로로 이동시킬 수 있는 추진력을 의미하므로 기전력(emf, electromotive force)이라고도 한다. 표준 기전력은 표준 상태(25°C, 모든 농도가 1 M, 혹은 1 기압)에서 전지에서 발생하는 전지 전위 혹은 기전력이다.

네른스트 식은 표준 상태에서 벗어난 전지에서 발생하는 전지 전위를 계산할 수 있는 식으로 간단히 정리된 네른스트 식은 다음과 같다.

$$E_{전지} = E^\circ_{전지} - (0.0591/\mathrm{n}) \log \mathrm{Q} \ (\mathrm{T} = 298\ \mathrm{K})$$

실제 전지에서는 표준 상태를 벗어나는 경우가 대부분인데, 특별히 농도에 의한 차별이 크므로 금속 이온의 농도 변화와 금속 농도에 변화를 줄 수 있는 pH 의존성을 실험적으로 측정하게 된다.

예를 들어 구리 이온 Cu^{2+}는 수용액이 염기성이 될 때 OH^- 이온 농도가 증가되어 난용성인 $Cu(OH)_2$를 형성하면서 Cu^{2+}의 농도 변화를 주게 된다.

기구 및 시약

기구

눈금 실린더(10 mL, 50 mL), 비커(100 mL), 유리 피펫, 부피 플라스크(100 mL, 250 mL), 멀티미터, 염다리, 구리판, 아연판, 사포

시약

1.5 M 암모니아수, 0.5 M HCl 표준 용액, 황산 구리($CuSO_4$), 황산 아연($ZnSO_4$)

실험 방법

주의사항

- 금속판에 연결된 집게가 용액에 닿지 않게 주의한다.
- HCl과 암모니아수가 피부에 닿지 않도록 주의하며, 후드 안에서 사용한다.

실험 A: 농도에 따른 전위차 측정

① 250 mL 부피 플라스크에 0.1 M $CuSO_4$, 0.1 M $ZnSO_4$ 용액을 제조한다.

② 아연, 구리판의 산화막을 사포로 세심하게 제거한다.

③ 금속판을 멀티미터와 연결하기 위해 두 금속판에 집게선을 꽂아준다. 검정 집게에는 아연판, 빨간 집게에는 구리판을 연결한다.

④ 갈바니 셀을 만들어 전위차를 측정한다.

- 100 mL 비커에 0.1 M $CuSO_4$ 용액, 0.1 M $ZnSO_4$ 용액을 각각 40 mL씩 넣는다.
- 각각의 반쪽 전지를 염다리로 연결한다.
- 0.1 M $ZnSO_4$ 용액에 아연판을 넣고 0.1 M $CuSO_4$ 용액에 구리판을 넣는다. 금속판에 연결된 집게가 용액에 닿지 않게 주의한다.

⑤ 전압을 측정하기 위해 멀티미터 다이얼을 돌려 2000 mV에 위치시킨다.

⑥ 100 mL 비커에 희석한 각각의 $CuSO_4$ 용액과 0.1 M $ZnSO_4$ 용액을 넣고 전위차를 측정한다.

* 각 조가 두 실험을 모두 감당하기 어려운 경우 4인 1조로 A조와 B조로 나누어 각 실험을 진행한다.

- 0.01 M $CuSO_4$ 용액과 0.1 M $ZnSO_4$ 용액의 전위차 측정
- 0.001 M $CuSO_4$ 용액과 0.1 M $ZnSO_4$ 용액의 전위차 측정

실험 B: pH 변화에 따른 전위차 측정

① 실험에 들어가기 전 0.5 mL 정도의 일정한 양을 용액에 넣어 주기 위해 유리 피펫에 0.5 mL까지 증류수를 채운 후 네임펜으로 선을 그어준다.

* 다음의 ②~⑤ 과정에서 0.5 M HCl 용액과 1.5 M 암모니아수는 후드에서 넣는다.

② 실험조 A는 0.01 M $CuSO_4$ 용액을 사용하며 실험조 B는 0.001 M $CuSO_4$ 용액을 사용하여 실험을 수행한다.

③ 1.5 M 암모니아수 0.5 mL를 유리 피펫으로 넣고 잘 섞어준 후 전위차를 측정한다.

④ 증류수로 유리 피펫을 씻은 후 각 $CuSO_4$ 용액에 0.5 M HCl 용액 0.5 mL를 넣고 전위차를 측정한다.

⑤ 증류수로 유리 피펫을 씻은 후 각 $CuSO_4$ 용액에 0.5 M HCl 용액 0.5 mL를 더 넣고 전위차를 측정한다.

실험 결과

실험 A: 농도에 따른 전위차 측정

	전위차 (A팀)	전위차 (B팀)
Zn | Zn^{2+} (0.1M) || Cu^{2+}**(0.1M)** | Cu		
Zn | Zn^{2+} (0.1M) || Cu^{2+}**(0.01M)** | Cu		
Zn | Zn^{2+} (0.1M) || Cu^{2+}**(0.001M)** | Cu		

실험 B: pH 변화에 따른 전위차 측정

Zn | Zn^{2+}(0.1M) || Cu^{2+}**(0.01M)** | Cu

	전위차 (A팀)
1.5 M 암모니아수 0.5 mL 첨가	
0.5 M 염산수용액 0.5 mL 첨가	
0.5 M 염산수용액 0.5 mL 추가로 첨가	

Zn | Zn^{2+}(0.1M) || Cu^{2+}**(0.001M)** | Cu

	전위차 (B팀)
1.5 M 암모니아수 0.5 mL 첨가	
0.5 M 염산수용액 0.5 mL 첨가	
0.5 M 염산수용액 0.5 mL 추가로 첨가	

질문

1 전지에서 염다리의 역할은 무엇인가?

2 희석한 $CuSO_4$ 용액에 암모니아수를 가했을 때 전위차가 어떻게 변하는지 쓰고 그 이유를 설명하라.

3 0.010 M $Zn(NO_3)_2(aq)$ 왼쪽 반쪽 전지와 0.50 M $AgNO_3(aq)$ 오른쪽 반쪽 전지로 이루어진 전지가 있다. 다음 질문에 답하라.

a. 해당 갈바니 전지를 [ ] 안의 문자들을 사용하여 나타내시오.

(단, 몰농도도 포함하여 나타낸다. [Zn, Ag, $AgNO_3$, $Zn(NO_3)_2$, ‖, |])

b. 전지의 전체 반응식을 쓰고 Nernst 방정식을 세워 표준 환원 전위를 계산하라.

(단, $Zn^{2+} + 2e^- \rightleftarrows Zn(s)$ ($E^\circ = -0.762$ V), $Ag^+ + e^- \rightleftarrows Ag(s)$ ($E^\circ = 0.799$ V))

c. $Zn(NO_3)_2(aq)$ 반쪽 전지와 $AgNO_3(aq)$ 반쪽 전지 중 어느 반쪽 전지가 산화 반쪽 전지인지 말하고, 멀티미터의 COM (−)극과 V (+)극 중 어느 쪽에 연결할 것인지 설명하라.

4 아연, 구리판의 산화막을 사포로 세심하게 제거하지 않을 경우 측정 전위차가 이론값과 차이 나는 이유는 무엇인가?

실험 17

구리(Cu)의 화학 반응

이론

화학 반응은 화학 결합의 파괴와 생성을 통해 반응 전 물질과는 화학적 성질이 다른 물질이 만들어지는 과정을 일컫는다. 화학 반응을 이용하여 새로운 물질을 합성하는 것은 화학의 가장 중요한 기능이며 합성된 새로운 화합물들은 인류의 문명 발전에 큰 역할을 해왔다. 고대의 제련, 주조 기술에서부터 값싼 금속에서 금을 만들고자 했던 중세의 연금술에 이르기까지 축적된 화학 지식을 바탕으로 현대의 화학이 발전했다. 화학 반응에 의한 합성으로 의약품, 플라스틱과 같은 물질을 만들어내거나, 연소 반응를 이용하여 에너지를 얻는다. 또한 생체 내에서 일어나는 소화과정, 단백질 합성도 화학 반응의 일종이다.

화학 반응은 화학결합의 파괴와 생성을 통해 반응 전 물질과는 화학적 성질이 다른 물질이 만들어지는 과정으로 화학 반응 전 물질을 반응물, 반응 후 물질을 생성물이라고 한다. 특별히 실험실에서의 반응 과정에서 원하지 않는 부산물이 포함된 반응 생성물에서 원하는 물질을 분리하고 정제하는 과정이 필요하다. 이 실험에서는 화학 반응의 기본적 유형인 산화-환원 반응과 상호 교환 반응을 이해하고자 한다. 이 반응 과정을 통하여 구리를 여러 가지 화학적 변환을 시키고, 최종적으로는 구리 시료를 다시 최대의 수율로 회수하는 실험을 하게 된다. 이 실험에서는 다음의 연속적인 화학 반응들을 수행된다.

$Cu(s) + 4HNO_3(aq) \rightarrow CuNO_3(aq) + 2NO_2(g) + 2H_2O(l)$ (1) 산화-환원 반응

$CuNO_3(aq) + 2NaOH(aq) \rightarrow Cu(OH)_2(s) + 2NaNO_3(aq)$ (2) 치환 반응

$Cu(OH)_2(s) \rightarrow CuO(s) + H_2O(g)$ (가열) (3) 탈수 반응

$CuO(s) + H_2SO_4(aq) \rightarrow CuSO_4(aq) + H_2O(g)$ (4) 치환 반응

$CuSO_4(aq) + Zn(s) \rightarrow ZnSO_4(aq) + Cu(s)$ (5) 산화-환원 반응

이 반응들은 생성물로 거의 완전히 진행된다. 용액에서의 화학 반응은 기체를 생성하거나 침전을 형성하는 등으로 한 성분이 용액에서 제거될 때는 항상 거의 완전히 진행된다. 반응 (1) 및 (3)은 기체가 생성되는 경우이며, 반응 (2)는 불용성 침전이 생기는 경우로 이에 해당된다. 반응 (5)는 Zn이 Cu보다 낮은 이온화 에너지(즉 산화 전위)를 갖기 때문에 거의 완전히 진행된다.

이 실험은 순수한 구리에서 출발하여 일련의 반응을 거쳐 구리를 다시 회수하는 것이다. 구리의 % 수율은 다음과 같이 주어진다.

$$\% \text{ 수율} = (\text{회수된 Cu 무게} / \text{처음 사용한 Cu 무게}) \times 100(\%)$$

기구 및 시약

기구

비커(250 mL), 눈금 실린더, 끓임쪽, 젓개, 가열기, 오븐 또는 물중탕, 증발접시

시약

구리선(1인당 약 0.5 g), 진한 질산(HNO_3), 3.0 M NaOH, 6.0 M H_2SO_4, 메틸 알콜, 아세톤, 아연 분말

실험 방법*

* 이 실험은 진행 상황에 따라 2주간에 진행할 수 있다. ④번까지 진행한 후 다음 주에 계속 진행할 수 있다.

주의사항

–이 실험에 시약을 넣는 과정은 후드 안에서 진행해야 한다

① 구리선 약 0.50 g을 정확하게 무게를 재고 250 mL 비커에 넣는다.

② 후드에서 4~5 mL 진한 질산을 위 비커에 넣는다, 반응이 완결되면 증류수 100 mL을 넣는다.

③ 비커에 든 용액에 3.0M NaOH 30 mL을 첨가한다. 2~3개의 끓임쪽을 넣고 용액이 거의 끓을 때까지 조심스럽게 가열한다(가열할 때는 저어준다).

④ 검은색의 CuO가 가라앉을 때까지 기다린 후, 상층액을 따라낸다. 약 200 mL의 아주 뜨거운 증류수를 첨가하고 젓는다. 다시 CuO 가라앉을 때까지 기다린 후 상층액을 다시 한번 따라낸다.

⑤ 6.0 M 황산 15 mL을 넣는다.

⑥ 2.0 g의 아연 분말을 용액에 한꺼번에 넣고 상층액이 무색일 때까지 저어준다. 기체의 방출이 아주 느려지면 약하게 가열 후 (끓이지는 말 것) 식힌다.

⑦ 기체 발생이 멈추면 상층액을 따라내고 침전을 미리 무게를 재어 둔 증발접시에 옮긴다.

⑧ 증류수 5 mL을 넣고 고체가 가라앉을 때까지 기다린 후 따라내는 것을 2번 반복하여 침전된 구리를 씻는다.

⑨ 5 mL의 메틸 알콜로 침전에 붓고(메틸 알콜은 인화성이니 주의하라), 침전이 가라앉을 때까지 기다린 후 따라내는 것으로 침전을 씻는다.

⑩ 마지막으로 약 5 mL의 아세톤을 사용하여 위와 같은 과정으로 침전을 씻는다.

⑪ 회수된 구리의 무게를 측정한다.

실험 결과

다음 표에 데이터를 적고 필요한 부분의 계산을 완료하라.

실험 과정	
처음 사용한 구리의 무게	
회수된 구리와 증발접시의 무게	
증발접시의 무게	
회수된 구리의 무게	
회수된 구리의 % 수율: % 수율 = (회수된 Cu 무게 / 처음 Cu 무게) × 100(%)	

질문

1 산화–환원 반응과 치환 반응의 정의를 설명하라.

2 반응이 완전히 진행되었다는 것은 무엇을 의미하는가?

3 발열 반응과 흡열 반응의 정확한 정의와 반응 시 온도 변화와의 관계를 설명하라.

4 0.85 g의 Cu에서 1.65 g의 $Cu(NO_3)_2$가 얻어졌다면 % 수율은 얼마인가?

5 회수된 구리의 색은? 구리는 겉보기가 균일한가?

6 이 실험의 오차의 요인들을 설명하라.

부록

부록 1 SI 단위

어떠한 물리량을 측정하여 표시할 때는 수(number)와 단위(unit)의 두 가지를 함께 나타내어야 그 의미를 가지게 된다. 수는 크기를 나타내는 것이고 단위는 어떠한 물리량을 측정하였는가를 나타낸다. 과학계에서는 국제적 합의에 의해 국제단위계(international system)를 사용한다. 국제단위계는 프랑스어로 le Système International이라고 쓰기 때문에 줄여서 SI 단위라고 한다. SI 단위는 길이, 질량, 시간, 온도, 전류, 물질의 양, 광도의 단위인 일곱 개의 SI 기본 단위를 바탕으로 하고 있다. 그 밖의 다른 모든 물리량의 단위는 일곱 개의 SI 기본 단위로부터 유도할 수 있다. 유도되어지는 단위 중 특별한 이름을 가지고 있는 단위는 22개가 있다. 또한 물리량을 표현할 때 수가 너무 크거나 작을 경우 접두어를 사용하여 간략히 표현한다.

표 부록 1-1 SI 기본 단위

물리량	SI 기본 단위	
	기호	이름
길이	m	미터(meter)
질량	kg	킬로그램(kilogram)
시간	s	초(second)
전류	A	암페어(ampere)
온도	K	켈빈(kelvin)
물질의 양	mol	몰(mole)
광도	cd	칸델라(candela)

표 부록 1-2 SI 유도 단위 중 특별한 이름을 가지는 단위

물리량	SI 유도 단위			
	기호	이름	다른 SI 단위를 사용한 표현	SI 기본 단위를 사용한 표현
평면각	rad	라디안(radian)		$m \cdot m^{-1} = 1$
입체각	sr	스테라디안(steradian)		$m^2 \cdot m^{-2} = 1$
진동수	Hz	헤르츠(hertz)		s^{-1}
힘	N	뉴턴(newton)		$m \cdot kg \cdot s^{-2}$
압력, 응력	Pa	파스칼(pascal)	N/m^2	$m^{-1} \cdot kg \cdot s^{-2}$
에너지, 일, 열량	J	줄(joule)	$N \cdot m$	$m^2 \cdot kg \cdot s^{-2}$
일률, 전력	W	와트(watt)	J/s	$m^2 \cdot kg \cdot s^{-3}$
전하량	C	쿨롬(coulomb)		$s \cdot A$
전위, 전위차, 기전력	V	볼트(volt)	W/A	$m^2 \cdot kg \cdot s^{-3} \cdot A^{-1}$
전기 용량	F	패럿(farad)	C/V	$m^{-2} \cdot kg^{-1} \cdot s^4 \cdot A^2$
전기 저항	Ω	옴(ohm)	V/A	$m^2 \cdot kg \cdot s^{-3} \cdot A^{-2}$
전기 전도도	S	지멘스(siemens)	A/V	$m^{-2} \cdot kg^{-1} \cdot s^3 \cdot A^2$
자기력선속	Wb	웨버(weber)	$V \cdot s$	$m^2 \cdot kg \cdot s^{-2} \cdot A^{-1}$
자기력선속 밀도	T	테슬라(tesla)	Wb/m^2	$kg \cdot s^{-2} \cdot A^{-1}$
인덕턴스	H	헨리(henry)	Wb/A	$m^2 \cdot kg \cdot s^{-2} \cdot A^{-2}$
섭씨 온도	℃	섭씨도(celcius)		K−273.15
광선속	lm	루멘(lumen)	$cd \cdot sr$	$cd \cdot sr$
조명도(광조도)	lx	럭스(lux)	lm/m^2	$m^{-2} \cdot cd \cdot sr$
방사능	Bq	베크렐(becquerel)		s^{-1}
흡수선량	Gy	그레이(gray)	J/kg	$m^2 \cdot s^{-2}$
선량당량	Sv	시버트(sievert)	J/kg	$m^2 \cdot s^{-2}$
촉매활성도	kat	카탈(ktal)		$mol \cdot s^{-1}$

표 부록 1-3 그 밖의 SI 유도 단위의 예

물리량	SI 유도 단위	
	일반적인 표현	SI 기본 단위를 사용한 표현
넓이	m^2	m^2
부피	m^3	m^3
속도, 속력	m/s	$m \cdot s^{-1}$
가속도	m/s^2	$m \cdot s^{-2}$
가속도 변화율	m/s^3	$m \cdot s^{-3}$
각속도	rad/s	s^{-1}
운동량, 충격량	$N \cdot s$	$m \cdot kg \cdot s^{-1}$
각운동량	$N \cdot m \cdot s$	$m^2 \cdot kg \cdot s^{-1}$
돌림힘, 힘능률	$N \cdot m = J/rad$	$m^2 \cdot kg \cdot s^{-2}$
파(동)수	m^{-1}	m^{-1}
밀도	kg/m^3	$m^{-3} \cdot kg$
견줌 부피	m^3/kg	$m^3 \cdot kg^{-1}$
농도	mol/m^3	$m^{-3} \cdot mol$
몰부피	m^3/mol	$m^3 \cdot mol^{-1}$
작용량	$J \cdot s$	$m^2 \cdot kg \cdot s^{-1}$
열용량, 엔트로피	J/K	$m^2 \cdot kg \cdot s^{-2} \cdot K^{-1}$
몰열용량, 몰엔트로피	$J/(K \cdot mol)$	$m^2 \cdot kg \cdot s^{-2} \cdot K^{-1} \cdot mol^{-1}$
비열	$J/(K \cdot kg)$	$m^2 \cdot s^{-2} \cdot K^{-1}$
에너지 밀도	J/m^3	$m^{-1} \cdot kg \cdot s^{-2}$
표면 장력	$N/m = J/m^2$	$kg \cdot s^{-2}$
열전도도	$W/(m \cdot K)$	$m \cdot kg \cdot s^{-3} \cdot K^{-1}$
확산 계수	m^2/s	$m^2 \cdot s^{-1}$
편극 벡터	C/m^2	$m^{-2} \cdot s \cdot A$
전하 밀도	C/m^3	$m^{-3} \cdot s \cdot A$
전류 밀도	A/m^2	$A \cdot m^{-2}$
전도도	S/m	$m^{-3} \cdot kg^{-1} \cdot s^3 \cdot A^2$
몰전도도	$S \cdot m^2/mol$	$kg^{-1} \cdot s^3 \cdot mol^{-1} \cdot A^2$
유전율	F/m	$m^{-3} \cdot kg^{-1} \cdot s^4 \cdot A^2$
투자율	H/m	$m \cdot kg \cdot s^{-2} \cdot A^{-2}$
전기장 세기	V/m	$m \cdot kg \cdot s^{-3} \cdot A^{-1}$
자기장 세기	A/m	$A \cdot m^{-1}$
밝기, 휘도	cd/m^2	$cd \cdot m^{-2}$
발광 에너지	$lm \cdot s$	$cd \cdot sr \cdot s$
흡수선량 조사율	Gy/s	$m^2 \cdot s^{-3}$
비저항	$\Omega \cdot m$	$m^3 \cdot kg \cdot s^{-3} \cdot A^{-2}$

표 부록 1-4 SI 단위와 함께 사용하는 접두어

접두어	기호	수	지수 표시
엑사(exa)	E	1,000,000,000,000,000,000	10^{18}
페타(peta)	P	1,000,000,000,000,000	10^{15}
테라(tera)	T	1,000,000,000,000	10^{12}
기가(giga)	G	1,000,000,000	10^{9}
메가(mega)	M	1,000,000	10^{6}
킬로(kilo)	k	1,000	10^{3}
헥토(hecto)	h	100	10^{2}
데카(deca)	d	10	10^{1}
		1	10^{0}
데시(deci)	d	0.1	10^{-1}
센티(centi)	c	0.01	10^{-2}
밀리(milli)	m	0.001	10^{-3}
마이크로(micro)		0.000001	10^{-6}
나노(nano)	n	0.000000001	10^{-9}
피코(pico)	p	0.000000000001	10^{-12}
펨토(femto)	f	0.000000000000001	10^{-15}
아토(atto)	a	0.000000000000000001	10^{-18}

부록 2 산 염기 해리 상수

표 부록 2-1 산 해리 상수

(수용액, 25℃)

산(HA)	K_{a1}[1)]	K_{a2}	K_{a3}
$HC_2H_3O_2$	1.8×10^{-5}		
H_3AsO_4	5.6×10^{-3}	1.0×10^{-7}	3.0×10^{-12}
H_3AsO_3	5.1×10^{-10}		
$H_2C_6H_7O_6$	8.0×10^{-5}	1.6×10^{-12}	
$HC_7H_5O_2$	6.3×10^{-5}		
H_3BO_3	5.8×10^{-10}		
$HC_4H_7O_2$	1.5×10^{-5}		
H_2CO_3	4.3×10^{-7}	5.6×10^{-11}	
$HC_2H_2O_2Cl$	1.4×10^{-3}		
$HClO_2$	1.1×10^{-2}		
$H_3C_6H_5O_7$	7.4×10^{-4}	1.7×10^{-5}	$4. \times 10^{-7}$
$HCNO$	3.5×10^{-4}		
$HCHO_2$	1.8×10^{-4}		
HN_3	1.9×10^{-5}		
HCN	4.9×10^{-10}		
HF	6.8×10^{-4}		
$HCrO_4^-$	3.0×10^{-7}		
H_2O_2	2.4×10^{-12}		
$HSeO_4$	2.2×10^{-2}		
H_2S	9.5×10^{-8}	1×10^{-19}	
$HBrO$	2.5×10^{-9}		
$HClO$	3.0×10^{-8}		
HIO	2.3×10^{-11}		
HIO_3	1.7×10^{-1}		
$HC_3H_5O_3$	1.4×10^{-4}		
$H_2C_3H_2O_4$	1.5×10^{-3}	2.0×10^{-6}	

1) $HA(aq) \rightleftarrows A^-(aq) + H^+(aq)$에 대한 평형 상수, $K_a = \frac{[A^-][H^+]}{[HA]}$

표 부록 2-2 염기 해리 상수

(수용액, 25℃)

물리량	K_b[1]
NH_3	1.8×10^{-5}
$C_6H_5NH_2$	4.3×10^{-10}
$(CH_3)_2NH$	5.4×10^{-4}
$C_2H_5NH_2$	6.4×10^{-4}
H_2NNH_2	1.3×10^{-6}
$HONH_2$	1.1×10^{-8}
CH_3NH_2	4.4×10^{-4}
C_5H_5N	1.7×10^{-9}
$(CH_3)_3N$	6.4×10^{-5}

1) $B(aq) + H_2O(l) \rightleftarrows HB^{+}(aq)$에 대한 평형 상수, $K_a = \frac{[A^-][H^+]}{[HA]}$

부록 3 용해도곱 상수

(수용액, 25℃)

이온 화합물	K_{sp}[1]	이온 화합물	K_{sp}
$BaCO_3$	5.0×10^{-9}	PbF_2	3.6×10^{-8}
$BaCrO_4$	2.1×10^{-10}	$PbSO_4$	6.3×10^{-7}
BaF_2	1.7×10^{-6}	PbS	3×10^{-28}
BaC_2O_4	1.6×10^{-6}	$Mg(OH)_2$	1.6×10^{-12}
$BaSO_4$	1.1×10^{-10}	$MgCO_3$	3.5×10^{-8}
$CdCO_3$	1.8×10^{-14}	MgC_2O_4	8.6×10^{-5}
$Cd(OH)_2$	2.5×10^{-14}	$MnCO_3$	5.0×10^{-10}
CdS	8×10^{-28}	$Mn(OH)_2$	1.6×10^{-13}
$CaCO_3$	4.5×10^{-9}	MnS	2×10^{-53}
$CaCrO_4$	7.1×10^{-4}	Hg_2Cl_2	1.2×10^{-18}
CaF_2	3.9×10^{-11}	Hg_2I_2	1.1×10^{-28}
$Ca(OH)_2$	6.5×10^{-6}	HgS	2×10^{-53}
$Ca_3(PO_4)_2$	2.0×10^{-29}	$NiCO_3$	1.3×10^{-7}
$CaSO_4$	2.4×10^{-5}	$Ni(OH)_2$	6.0×10^{-16}
$Cr(OH)_3$	1.6×10^{-30}	NiS	3×10^{-20}
$CoCO_3$	1.0×10^{-10}	$AgBrO_3$	5.5×10^{-5}
$Co(OH)_2$	1.3×10^{-15}	$AgBr$	5.0×10^{-13}
CoS	5×10^{-22}	Ag_2CO_3	8.1×10^{-12}
$CuBr$	5.3×10^{-9}	$AgCl$	1.8×10^{-10}
$CuCO_3$	2.3×10^{-10}	Ag_2CrO_4	1.2×10^{-12}
$Cu(OH)_2$	4.8×10^{-20}	AgI	8.3×10^{-17}
CuS	6×10^{-37}	Ag_2SO_4	1.5×10^{-5}
$FeCO_3$	2.1×10^{-11}	Ag_2S	6×10^{-51}
$Fe(OH)_2$	7.9×10^{-16}	$SrCO_3$	9.3×10^{-10}
LaF_3	2×10^{-19}	SnS	1×10^{-26}
$La(IO_3)_3$	6.1×10^{-12}	$ZnCO_3$	1.0×10^{-10}
$PbCO_3$	7.4×10^{-14}	$Zn(OH)_2$	3.0×10^{-16}
$PbCl_2$	1.7×10^{-5}	ZnC_2O_4	2.7×10^{-8}
$PbCrO_4$	2.8×10^{-13}	ZnS	2×10^{-25}

1) 황 화합물에서는 $MS(s) + H_2O(l) \rightleftharpoons M^{2+}(aq) + HS^-(aq) + OH^-(aq)$에 대한 K_{sp}

부록 4 표준 환원 전위

(수용액, 25℃)

환원 반쪽 반응			E^o_{red}
F2(g) + $2e^-$	→	$2F^-$	2.87
Co^{3+} + e^-	→	Co^{2+}	1.82
Au^{3+} + $3e^-$	→	Au(s)	1.50
$Cl_2(g)$ + $2e^-$	→	$2Cl^-$	1.36
$O_2(g)$ + $4H^+$ + $4e^-$	→	$2H_2O(l)$	1.23
Br_2(l) + $2e^-$	→	$2Br^-$	1.07
$2Hg^{2+}$ + $2e^-$	→	Hg_2^{2+}	0.92
Hg^{2+} + $2e^-$	→	Hg(l)	0.85
Ag+ + e^-	→	Ag(s)	0.80
Hg_2^{2+} + $2e^-$	→	2Hg(l)	0.79
Fe^{3+} + e^-	→	Fe^{2+}	0.77
I2(s) + $2e^-$	→	$2I^-$	0.53
Cu^+ + e^-	→	Cu(s)	0.52
Cu^{2+} + $2e^-$	→	Cu(s)	0.34
Cu^{2+} + e^-	→	Cu^+	0.15
Sn^{4+} + $2e^-$	→	Sn^{2+}	0.15
S(s) + $2H^+$ + $2e^-$	→	$H_2S(g)$	0.14
$2H^+$ + $2e^-$	→	$H_2(g)$	0.00
Pb^{2+} + $2e^-$	→	Pb(s)	-0.13
Sn^{2+} + $2e^-$	→	Sn(s)	-0.14
Ni^{2+} + $2e^-$	→	Ni(s)	-0.25
Co^{2+} + $2e^-$	→	Co(s)	-0.28
Cd^{2+} + $2e^-$	→	Cd(s)	-0.40
Cr^{3+} + e^-	→	Cr^{2+}	-0.41
Fe^{2+} + $2e^-$	→	Fe(s)	-0.44
Cr^{3+} + $3e^-$	→	Cr(s)	-0.74
Zn^{2+} + $2e^-$	→	Zn(s)	-0.76
2H2O(l) + $2e^-$	→	$H_2(g)$ + $2OH^-$	-0.83
Mn^{2+} + $2e^-$	→	Mn(s)	-1.18

부록 5 주요 지시약의 변색과 pH 범위

지시약	pH 범위, 변색	용액
Methylviolet	황, 청 0.2~ 0.3 보라	H_2O
Thymolblue	적 1.2~ 2.8 황	H_2O(+NaOH)
Benzopurpurin 4B	보라 1.2~ 4.0 적	20%Alcohol
Methylorange	적 3.1~ 4.4 노랑	H_2O
Bromphenolblue	황 3.0~ 4.6 청자	H_2O(+NaOH)
Congored	청 3.0~ 5.0 적	70%Alcohol
Bromcresolgreen	노랑 3.8~ 5.4 청	H_2O(+NaOH)
Methylred	적 4.4~ 6.2 황	H_2O(+NaOH)
Chlorphenolred	황 4.8~ 6.8 적	H_2O(+NaOH)
Bromcresolpurple	황 5.2~ 6.8 적자	H_2O(+NaOH)
Litmus	적 4.5~ 8.3 청	H_2O
Bromthymolblue	황 6.0~ 7.6 청	H_2O(+NaOH)
Phenolred	황 6.8~ 8.2 적	H_2O(+NaOH)
Thymolbule	황 8.0~ 9.6 청	H_2O(+NaOH)
Phenolphthalein	무 8.3~10.0 분홍	70%Alcohol
Thymolphthalein	황 9.3~10.5 청	70%Alcohol
Alizarin yellow R	황 10.0~12.0 적	95%Alcohol
Indigo carmine	청 11.4~13.0 황	50%Alcohol
Trinitrobenzene	무 12.0~14.0 등	70%Alcohol

저자 소개

이충균
서울대학교 공업화학과 학사
서울대학교 공업화학과 석사
University of Illinois at Urbana-Champaign 화학과 박사
현) 충남대학교 자연과학대학 화학과 교수

김건철
서울대학교 화학과 학사
서울대학교 화학과 석사
Yale University 화학과 박사
현) 충남대학교 자연과학대학 화학과 교수

일반화학실험

저 자 이충균 · 김건철
발 행 인 김지영
발 행 처 자유아카데미
주 소 경기도 파주시 회동길 37-42
파주출판도시
전 화 031-955-1321
팩 스 031-955-1322
홈페이지 www.freeaca.com
전자우편 main@freeaca.com (대표)
editor@freeaca.com (편집)
crm@freeaca.com (영업)
등 록 제406-2003-017호, 1980. 7. 12
제1판1쇄 2024년 2월 1일 발행

저자와의
협의하에
인지생략

무단 복제를 금하며, 잘못된 책은 바꾸어 드립니다.
ISBN 979-11-5808-575-9 93430